高职高专立体化教材计算机系列

HTML5+CSS3 网页设计基础
(微课版)

王云晓　李永前　郝　璇　主　编

王　妍　申加亮
　　　　　　　　　　副主编
刘丽丽　丁　蕾

清华大学出版社
北京

内 容 简 介

本书全面介绍了 HTML5 和 CSS3 的基本知识，以及应用 HTML5 和 CSS3 制作网页的技术。

全书共分为 12 章，详细介绍了 HTML5 网页基础、网页基本元素、CSS 入门、元素外观修饰、CSS 盒子模型、CSS 选择器、网页布局设计、链接与导航、表单、CSS3 简单动画、多媒体技术、Web 前端开发实战等内容。本书拥有丰富的教学案例、实用的实践训练、完整的 Web 前端网站开发案例及配套的拓展知识，并在拓展知识中介绍了 Bootstrap 等前端开发框架技术。

本书内容丰富、结构合理、语言简练流畅、示例翔实。本书主要面向网页制作技术初学者，适合作为高等职业院校计算机、网络、软件等专业及相关专业的网站开发和网页制作教材，也可作为网页制作爱好者与网站开发维护人员的学习参考书。

图书在版编目 (CIP) 数据

HTML5+CSS3 网页设计基础 : 微课版 / 王云晓, 李永前, 郝璇主编. -- 北京 : 清华大学出版社, 2024. 7.
(高职高专立体化教材计算机系列). -- ISBN 978-7
-302-66427-7

Ⅰ. TP312.8; TP393.092.2

中国国家版本馆 CIP 数据核字第 2024G5X758 号

责任编辑：石 伟
封面设计：刘孝琼
责任校对：徐彩虹
责任印制：宋 林

出版发行：清华大学出版社
      网 址：https://www.tup.com.cn, https://www.wqxuetang.com
      地 址：北京清华大学学研大厦 A 座   邮 编：100084
      社 总 机：010-83470000   邮 购：010-62786544
      投稿与读者服务：010-62776969, c-service@tup.tsinghua.edu.cn
      质量反馈：010-62772015, zhiliang@tup.tsinghua.edu.cn
      课件下载：https://www.tup.com.cn, 010-62791865
印 装 者：小森印刷霸州有限公司
经 销：全国新华书店
开 本：185mm×260mm   印 张：17.25   字 数：416 千字
版 次：2024 年 7 月第 1 版   印 次：2024 年 7 月第 1 次印刷
定 价：49.00 元

产品编号：104405-01

前　　言

党的二十大报告提出：要加快建设制造强国、质量强国、航天强国、交通强国、网络强国、数字中国。其中网络强国需要更加普惠的网络和信息服务，提供人民群众用得上、用得起、用得好的网络信息服务。网站作为信息展示的窗口，已成为用户浏览信息和展示企业形象及文化的重要平台，开发 Web 网站和手机 App 也随之成了热门技术。而作为网页制作基础的 HTML5 和 CSS3，也在 2014 年发布后迅速流行，得到各大浏览器的支持。HTML5 开创了互联网的新时代，是新一代信息技术人才必须掌握的技术。

党的二十大报告明确提出：推动战略性新兴产业融合集群发展，构建新一代信息技术、人工智能、生物技术、新能源、新材料、高端装备、绿色环保等一批新的增长引擎。本书根据培养高技能人才的需求，依据职业教育培养目标的要求，以爱德照明网站的开发为主线，以案例为引导，将知识介绍与案例分析、制作、设计融于一体。在案例的设计与制作过程中，把各章节的知识点融入其中，使读者能快速掌握相关的知识和技术。设计的案例由小到大、由简到繁，以引导学生循序渐进地学习制作网页的知识和技术。最后，本书通过爱德照明网站前端页面的设计，介绍网站项目开发、网页设计制作的整个流程。

本书从网页的基本结构出发，由浅入深地讲述 HTML5 文档的基本结构和创建方法、网页基本元素、CSS 样式的定义规则及优先级、应用 CSS 修饰页面元素、CSS3 盒子模型的大小和边框设置、盒子的内外边距设置、CSS 选择器的知识及应用、典型的网页布局技术、网页上横向导航菜单和纵向导航菜单的设计、页面交互元素表单设计、CSS3 简单动画技术、页面音频和视频嵌入技术、网站开发流程等知识。在讲述网页制作的各种技术时，以爱德照明网站的网页制作为案例进行教学，并运用丰富的实例来讲解知识点，注重培养读者解决实际问题的能力。同时，在拓展知识中提供了丰富的、实用的网页设计技术。

本书内容丰富、结构合理、语言简练流畅、示例翔实。每章的引言部分都概述了该章的学习目标。在每章的正文中，结合案例讲解基础知识和关键技术，并穿插大量案例，最后通过实训对本章及前面章节所学的知识进行综合训练。每章末尾都安排了有针对性的练习题，有助于读者巩固所学的知识、掌握实际应用技术、培养解决实际问题的能力。

本书编写时，积极响应党的二十大精神进教材的要求，把二十大精神融入教学案例中，达到既培养读者技能，又实现提高读者爱国、敬业、奉献的德育目标。书中案例设计精细实用，能培养读者仔细认真、精益求精的大国工匠精神。案例代码按照流行的网页设计规范和代码编写规范，培养读者严谨规范的编码风格。配套习题既有难度又有高度，培养读者理论联系实际、分析问题、解决问题的动手能力，为国家培养高素质的网络安全和信息化人才。

本书由山东水利职业学院教师编写和教学视频录制，王云晓负责总体内容规划和第 8、11、12 章内容，李永前负责第 3、10 章内容，郝璇负责第 4～5 章内容，王妍负责第 1～2

章内容，申加亮负责第 6 章内容，张殿明负责第 9 章内容，刘丽丽负责第 7 章内容，刘秋生负责教材的内容审核。

慧科教育科技集团有限公司对本书的编写提供了积极的支持，丁蕾老师负责了全书案例图片资料的准备和整理工作。

由于编者水平有限，书中难免存在疏漏和不足之处，敬请专家和广大读者批评指正。

编　者

例题源代码.zip　　　拓展知识源代码.zip　　　习题源代码.zip　　　教案.docx

目　录

习题案例答案及
课件获取方式.pdf

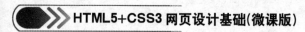

第 1 章

HTML5 网页基础

本章要点

随着信息技术的发展，网站已成为企业开展工作的基础设施，也是在 Internet 上宣传企业形象和文化的重要窗口。网页设计工作主要包括用户需求分析、界面设计、交互设计、图形设计、编码和开发、用户体验设计、测试优化以及更新和维护等方面。网页设计作为一门综合性较强的课程，涉及商业策划、平面设计、程序语言和数据库等。本章将介绍网页的基本组成元素、页面结构和创建方法等内容。

学习目标

- 了解网页上常见的基本元素及其特点。
- 了解网页的布局结构(即网页内容的排版知识)。
- 了解 HTML5 的发展、优势以及浏览器支持情况。
- 掌握 HTML5 网页的常用编辑软件。
- 掌握 HTML5 文档的基本格式和语法规范。
- 掌握创建和浏览网页的方法。
- 培养爱国敬业的品质和仔细认真的编码态度。

1.1 网页基本元素

一个网页，无论其内容多么丰富多彩，都是由基本的网页元素组成的。要学习网页设计，首先应该认识构成网页的基本元素及其特点，只有这样，才能在设计中根据需要合理地组织和安排网页内容。

网页基本元素.mp4

图 1-1 所示是爱德照明网站的首页，其中包含一些常见的网页元素，如文本、图片和动画、音频和视频、超链接、导航栏、表单，以及其他元素等。

图 1-1 网页的基本元素

1. 文本

文本是最重要的信息载体与交流工具，网页中的信息多以文本为主。文本虽然不如图片色彩鲜艳，容易吸引浏览者，但却能准确地表达信息的内容和含义。

为了使页面内容丰富多彩，人们为网页中的文本定义了许多属性，如字体、字号、颜色、底纹和边框等。通过设置不同的属性，可以突出显示重要的内容。此外，用户还可以在网页中设计各种各样的文本列表，用来清晰地表达一系列内容。

2. 图片和动画

图片在网页中具有提供信息、展示作品、装饰网页、表现个人风格的作用。用户在网页中使用的图片格式主要包括 GIF、JPEG 和 PNG 等，其中使用最广泛的是 GIF 和 JPEG 两种格式。

为了更有效地吸引浏览者的注意，有些网页将广告做成了动画或视频。

3. 声音和视频

音频和视频是多媒体网页的重要组成部分，特别是视频文件会让网页变得精彩而有动感。目前网页上常用的音频格式有 WAV、MIDI、MP3 与 RealAudio 等，常见的视频文件格式有 AVI、WMV、MPEG 和 MP4 等。

4. 超链接

超链接是指从一个网页指向一个目标的链接，这个目标可以是另一个网页，也可以是相同网页上的不同位置，还可以是一张图片、一个电子邮件地址、一个文件，甚至是一个应用程序。当浏览者单击已经设置链接的文本或图片后，链接目标将显示在浏览器中。各个网页链接在一起，就构成了一个网站。超链接技术是万维网流行起来的最主要原因。

5. 导航栏

导航栏是指位于页面顶部或侧边，在横幅图片上边或下边的一排水平导航按钮组成的区域，起到链接站点或站点内各个页面的作用。网站使用导航栏是为了让访问者更清晰地定位到所需要的资源区域，从而能够更快捷地找到资源。

一般情况下，导航栏应放在网页中较引人注目的位置，通常是在网页的顶部或一侧。导航栏既可以是文本链接，也可以是一些图形按钮。

6. 表单

网页中的表单主要负责数据采集，一般用来收集信息、接收用户请求、获得反馈意见等。例如，用户注册和管理员登录都是通过表单实现的。

7. 其他常见元素

网页中除了以上几种常见的基本元素外，还有一些其他的常见元素，包括按钮、JavaScript 特效、ActiveX 控件等。它们不仅能美化网页，使网页更活泼有趣，而且在网上娱乐、电子商务等方面也有着不容忽视的作用。

1.2   网页的布局结构

网页的布局结构即网页内容的排版。排版是否合理，会直接影响页面的内容展示和用户体验，并会一定程度上影响网页的整体结构。

页面的布局类似一篇文章的排版，需要将页面分为多个区块，较大的区块又可再细分为小区块。块内有文本、图片、超链接等内容，这些区块一般称为块级元素，而区块内的文本、图片或超链接等一般称为行级元素，如图 1-2 所示。

网页的布局结构.mp4

图 1-2　网页的布局结构

1.3　HTML5 简介

HTML5 是超文本标记语言(Hyper Text Markup Language)的第 5 代版本，它的目标就是将 Web 带入一个成熟的应用平台。在这个平台上，视频、音频、图像、动画，以及用户与电脑的交互都被标准化。HTML5 开创了互联网的新时代。

HTML5 简介.mp4

1.3.1　HTML5 概述

1. HTML5 的发展

2014 年 10 月 29 日，万维网联盟宣布，经过 8 年的艰苦努力，HTML5 标准规范终于制定完毕并公开发布。HTML5 已逐渐取代 HTML 4.01、XHTML 1.0 标准，它能在互联网应用迅速发展的同时，使网络标准符合当前的网络需求，为桌面和移动平台带来无缝衔接的丰富内容。HTML5 还有望成为梦想中的"开放 Web 平台"(Open Web Platform)的基石，如果此梦想能实现，即可进一步推动更深入的跨平台 Web 应用。

2. HTML5 的优势

作为当下流行的通用标记语言，HTML5 严格遵循"简单至上"的原则，主要体现在以下几个方面。

- 新的简化的字符集声明。
- 新的简化的 DOCTYPE。

- 简单而强大的 HTML5 API。
- 以浏览器原生能力替代复杂的 JavaScript 代码。

为了实现这些简化操作，HTML5 规范更加细致、精确，对每一个细节都有非常明确的说明，不允许有任何的歧义出现。

3. 浏览器支持

在 HTML5 发布之前，各大浏览器厂商为了争夺市场占有率，在各自的浏览器中添加了各种各样的功能，并且没有统一的标准。同一个网站使用不同的浏览器浏览时，常常看到不同的页面效果。而 HTML5 中纳入了所有合理的扩展功能，同时具备良好的跨平台性能。

现今浏览器的许多新功能都是从 HTML5 标准中发展而来的。目前常用的浏览器有 IE、火狐(Firefox)、谷歌(Chrome)、Safari 和 Opera 等，这些主流 Web 浏览器都支持 HTML5 格式的文件。

1.3.2　HTML5 开发环境

在 HTML5 的开发过程中，经常采用一些比较快捷的集成开发环境(Integrated Development Environment，IDE)，例如 EditPlus、NotePad++、Dreamweaver、Sublime 和 HBulider 等。特别是 HBuilder，它是 DCloud(数字天堂)推出的一款支持 HTML5 的 Web 开发 IDE，通过完整的语法提示和代码输入法、代码块，大幅提升了 HTML、JavaScript、CSS 的开发效率，受到了程序员的欢迎。它不需要配置环境，并且内置了学习教程。

HBuilder 软件的官网下载地址为：http://www.dcloud.io。

DCloud 还推出了基于 C++重写的 HBuilderX，性能更强、启动速度更快。本书的案例使用 HBuilderX 进行编写调试。

下载 HBuilderX.3.7.3.20230223.zip 或其他版本的压缩文件，解压文件后，双击其中的 HBuilderX.exe，即可创建 Web 项目及 HTML5 网页文件。为了操作方便，可以创建 HBuilderX 的桌面快捷方式。

1.4　创建 HTML5 网页

在网页的制作过程中，为了方便，通常会选择一些较便捷的工具，如记事本、Dreamweaver 和 HBuilder 等进行网页设计。在实际工作中，可以根据需要使用合适的工具。

1.4.1　教学案例

【案例展示】本案例设计一个简单的页面，其中包含网页标题文字和一行文本信息，案例文件 1-1.html 在 Chrome 浏览器中的浏览效果如图 1-3 所示。

教学案例.mp4

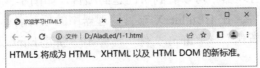

图 1-3　页面浏览效果

【知识要点】HTML 文档的结构，网页的创建、保存与浏览。

【学习目标】掌握使用 HBuilderX 创建、保存和浏览网页的方法。

1.4.2　用 HBuilderX 编辑网页

用 HBuilderX 创建网页的过程如下。

(1) 启动 HBuilderX，创建项目。选择"文件"→"新建"→"项目"命令，弹出"创建项目"对话框，如图 1-4 所示。

用 HBuilderX
编辑网页.mp4

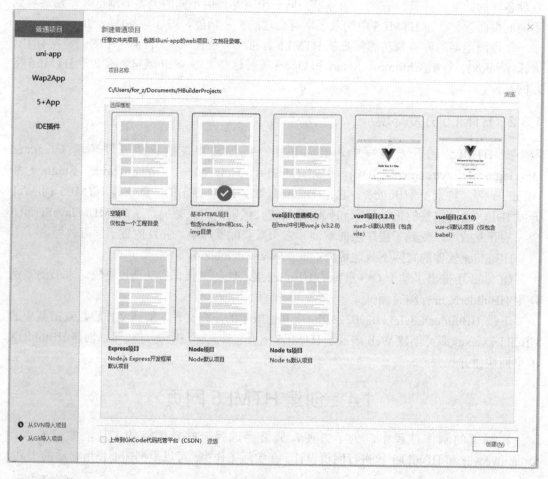

图 1-4　用 HBuilderX 创建项目

选择"普通项目"选项，在"项目名称"文本框中输入项目的名称，单击"浏览"按钮选择项目存放的文件夹，选择"基本 HTML 项目"选项，最后单击"创建"按钮，完成项目的创建。

在 HBuilderX 项目管理器中可以看到所创建的项目，如图 1-5 所示。

(2) 创建 HTML 文件。在 HBuilderX 项目管理器中的项目名称上单击鼠标右键，在弹出的快捷菜单中选择"新建"→"html 文件"，弹出"新建 html 文件"对话框，如图 1-6 所示。

图 1-5　项目管理器

图 1-6　"新建 html 文件"对话框

输入网页的主文件名，保留.html 扩展名，并选择 default 模板，最后单击"创建"按钮，在 HBuilderX 编辑区显示创建的 HTML5 文档的内容，如图 1-7 所示。

图 1-7　默认的 HTML5 文档

网页文件的扩展名为.html 或.htm。

(3) 编辑文件。在<title> </title> 标签中间输入网页的标题，在<body> </body>标签中间输入希望页面显示的内容，如图 1-8 所示。

(4) 用内置浏览器预览网页效果。选择菜单栏中的"视图"→"显示内置浏览器",打开 HBuilderX 自带的浏览器(如果是第一次使用内置浏览器,则会提示下载内置浏览器,下载即可)。在 HTML5 文档中编辑网页文件内容,在"Web 浏览器"面板的下拉列表中选择"PC 模式",进入边改边看模式。在此模式下,如果当前打开的是 HTML 文件,每次保存均会自动刷新以显示当前页面效果,如图 1-8 所示。单击"预览"按钮,可以展开或隐藏内置 Web 浏览器。

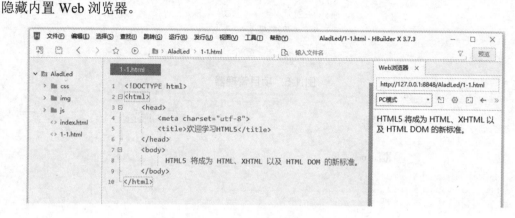

图 1-8　使用 HBuilderX 编辑和预览网页文件

(5) 浏览网页。单击工具栏中的浏览器按钮 ⓓ 或选择菜单栏中的"运行"→"运行到浏览器"命令,选择一个支持的浏览器并启动,即可看到网页的显示结果,如图 1-3 所示。

【案例说明】如果希望将该网页作为网站的首页(主页),可以把这个文件的文件名设为 index.htm 或 index.html。

1.4.3　HTML5 文档结构

每个网页都有基本的结构,包括 HTML 文档的结构、标签的格式等。HTML 文档是一种纯文本格式的文件,文档的基本结构如下。

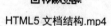

HTML5 文档结构.mp4

```
<!DOCTYPE html>
<html>
  <head>
   <meta charset="utf-8">
   <title>网页标题</title>
  </head>
  <body>
        网页内容
  </body>
</html>
```

HTML5 文档的基本结构中,主要包括<!DOCTYPE>文档类型声明、<html>根标签、<head>头标签、<meta>标签、<title>标题标签、<body>主体标签,具体介绍如下。

1. <!DOCTYPE>文档类型声明

<!DOCTYPE>文档类型声明必须是 HTML 文档的第一行,位于<html>根标签之前,告诉 Web 浏览器当前页面应使用哪种 HTML 标准规范。

HTML5 文档使用<!DOCTYPE html>声明，会触发浏览器以标准兼容模式显示页面。

2. <html>根标签

<html>标签位于<!DOCTYPE>标记之后，也称为根标签，表示 HTML 文档的开始，即浏览器从<html>开始解释，直到</html>为止。每个 HTML 文档均以<html>开始，以</html>结束。

3. <head>头标签

<head>头标签用于定义 HTML 文档的头部信息，紧跟在<html>根标签之后，主要用来封装其他位于文档头部的标签，例如< title>、<meta>、<link>及<style>等，以描述文档的标题、文档属性、与外部资源的关系、文档的样式等信息。

4. <meta>标签

为了能够被浏览器正确解释和通过 W3C 代码校验，所有的 HTML 文档都必须声明它们所使用的编码语言。HTML5 文档使用<meta>标签的 charset 属性来指定文档编码，格式如下。

```
<meta charset="UTF-8">
```

5. <title>标题标签

<title>标签用来定义文档的标题。浏览器通常把标题放置在浏览器窗口的标题栏或状态栏中。当把文档加入用户的链接列表、收藏夹或书签列表时，标题将成为文档链接的默认名称。

6. <body>主体标签

<body>标签用于定义 HTML 文档所要显示的内容。主体位于头部之后，以<body>为开始标签，以</body>为结束标签。浏览器中显示的所有文本、图像、音频和视频等信息都必须位于<body>主体标签内。它定义网页上显示的主要内容与显示格式，是整个网页的核心。

一个 HTML 文档只能含有一对<body>标签，且<body>标签必须在<html>标签内部，位于<head>头标签之后，与<head>头标签是并列关系。

1.4.4　HTML5 语句结构

HTML5 语句主要由标签、属性和元素构成，语法结构如下。

```
<标签 属性 1="属性值 1" 属性 2="属性值 2" ...>元素的内容</标签>
```

HTML5 语句
结构.mp4

1. 标签

标签分为单标签和双标签，单标签如
、<hr/>等，双标签由开始标签和结束标签两个标签组成且必须成对出现，如<p>...</p>等。

2. 属性

属性在开始标签中指定，用来表示标签的性质和特性，通常都是"属性名="值""的形式，有多个属性时用空格隔开，并且在指定多个属性时不用区分顺序。

例如，段落标签<p>有属性 align，align 表示文字的对齐方式，表示为：

```
<p align="center">欢迎访问本网站</p>
```

3. 元素

元素指的是包含标签在内的整体，元素的内容是指开始标签与结束标签之间的内容。例如：

```
<h1>欢迎访问本网站</h1>
```

上面的代码表示定义 h1 元素，而元素的内容是"欢迎访问本网站"。

1.4.5 HTML5 语法规范

HTML5 语法
规范.mp4

页面的 HTML5 代码书写必须符合 HTML 规范，这样文档才可以被所有的浏览器支持，并且可以向后兼容。

1. 标签和属性的规范

- 标签名和属性建议都用小写字母。
- HTML 标签可以嵌套，但不允许交叉。
- HTML 标签中的一个单词不能分两行写。
- 属性值都要用双引号括起来。
- HTML 源文件中的换行符、回车符和空格在显示时是无效的。

2. 代码的缩进

HTML 代码并不要求在书写时缩进，但为了文档的结构性和层次性，建议同一层次的标签时首尾对齐，内部的内容向右缩进。

1.5 实 践 训 练

实践训练.mp4

【实训任务】练习创建网页文档，展示企业简介信息。案例文件 1-2.html 在 Chrome 浏览器中的显示效果如图 1-9 所示。

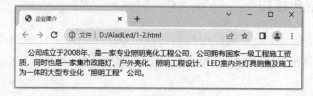

图 1-9 企业简介页面

【知识要点】HIML5 文档的语法结构，使用 HBuilderX 创建、保存和浏览网页。

【实训目标】掌握创建、保存和浏览网页的方法。

(1) 启动 HBuilderX，并新建一个 HTML5 文档，文件名为 1-2.html。

(2) 在 HBuilderX 中编辑 HTML5 文档，网页文档代码如下。

```
<!DOCTYPE html>
<html>
  <head>
    <meta charset="utf-8">
    <title>企业简介</title>
  </head>
  <body>
        公司成立于 2008 年，是一家专业照明亮化工程公司，公司拥有
国家一级工程施工资质，同时也是一家集市政路灯、户外亮化、照明工程设计、LED 室内外灯具销售及施
工为一体的大型专业化"照明工程"公司。
  </body>
</html>
```

(3) 保存文档。

(4) 浏览网页。在浏览器中浏览制作完成的页面，效果如图 1-9 所示。

【任务说明】本例中段落首行缩进的效果是通过插入特殊符号" "实现的。HTML 忽略多余的空格，只空一个空格。在需要空格的位置，可以用" "插入一个半角空格，也可以输入全角中文空格。

1.6　拓 展 知 识

用记事本编辑 HTML 网页文件。

HTML5 网页基础拓展知识.docx

拓展知识.mp4

1.7　本 章 小 结

本章讲述了网页的基本元素、布局结构和网页编辑技术，介绍了网页上常见的基本元素和网页的布局结构知识，以及 HTML5 文档的结构和语法规范等内容，最后结合案例介绍了常用的网页编辑工具 HBuilderX。

1.8　练 习 题

选择题.docx

一、选择题(请扫右侧二维码获取)

二、综合训练题

1. 浏览各种优秀的网站，分析网页上有哪些网页元素，以及各种元素的特点。

2. 简述 HTML5 文档的基本结构和语法规范。

3. 运用 HTML5 文档的基本格式制作并浏览简单的页面。

第 2 章

网页基本元素

本章要点

在加快建设网络强国、以中国式现代化全面推进中华民族伟大复兴的新征程上，"网信事业要发展，必须贯彻以人民为中心的发展思想。要适应人民期待和需求，加快信息化服务普及，降低应用成本，为老百姓提供用得上、用得起、用得好的信息服务，让亿万人民在共享互联网发展成果上有更多获得感。"网站作为信息展示的窗口和交流互动的重要平台，需要为用户提供操作方便和内容丰富的网页。展示网页内容的元素包括文本、图像、列表、表格、链接等，本章将具体介绍页面上常用各种元素的标签及其属性。

学习目标

- 掌握文本控制标签的功能和使用方法。
- 掌握图像标签及其属性的功能和使用方法。
- 掌握网页上常用超链接的设置方法。
- 掌握列表标签及其属性的功能和使用方法。
- 掌握表格标签及其属性的功能和使用方法。
- 掌握综合应用各种页面元素的标签及其属性制作页面的方法。
- 培养认真规范的编码风格和遵法守法的法律意识。

2.1 文本控制标签

教学案例.mp4

2.1.1 教学案例

【案例展示】招商加盟——加盟中心局部页面的设计。

使用标题标签、段落标签、换行标签、水平线标签、文本格式化标签等设计招商加盟的加盟中心局部页面，本例文件 2-1.html 在浏览器中的显示效果如图 2-1 所示。

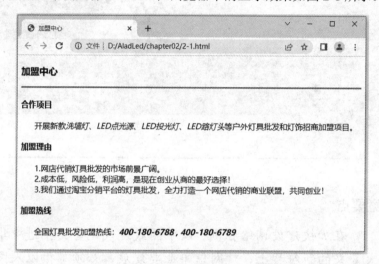

图 2-1 招商加盟——加盟中心局部页面

【知识要点】标题标签、段落标签、换行标签、水平线标签、文本格式化标签等。

【学习目标】掌握标题标签、段落标签、换行标签、水平线标签、文本格式化标签的作用并灵活应用。

2.1.2 标题标签

在页面中，标题是一段文字内容的引领，起着着重强调的作用。HTML 提供了 6 个等级的标题，即<h1>、<h2>、<h3>、<h4>、<h5>和<h6>，其中 <h1>定义最大的标题，<h6>定义最小的标题，其基本语法格式如下。

标题标签.mp4

```
<hn align= "left|center|right">标题文字</hn>
```

【说明】n 的取值为 1~6。align 为可选属性，用来设置标题在页面上的对齐方式，它的取值为 left(左对齐)、center(居中对齐)和 right(右对齐)，默认取值为 left。

不推荐使用属性 align，最好用 CSS 样式定义标题在页面上的排列方式。

【例 2-1-1】标题示例，本例的浏览效果如图 2-2 所示，页面文件 2-1-1.html 的代码如下。

```
<!DOCTYPE html>
<html>
  <head>
```

```
      <meta charset="utf-8">
      <title>标题示例</title>
   </head>
   <body>
      <h1 align="left">这是一级标题</h1>
      <h2 align="center">这是二级标题</h2>
      <h3 align="right">这是三级标题</h3>
      <h4>这是四级标题</h4>
      <h5>这是五级标题</h5>
      <h6>这是六级标题</h6>
   </body>
</html>
```

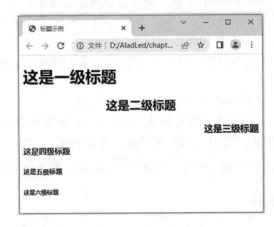

图 2-2 标题示例

2.1.3 段落标签

在网页中要把段落整齐统一地显示出来，就需要使用段落标签
<p>。段落标签会在段落前后增加空行。<p>是 HTML 文档中最常见的
标签，其基本语法格式如下。

段落和换行标签.mp4

```
<p align= "left|center|right">段落文字</p>
```

属性 align 的取值和功能请参考 2.1.2 节中的说明。

2.1.4 换行标签

在默认情况下，网页中的文字是从左到右依次排列，直到浏览器窗口的右端再自动换
行。如果网页内容只想换行而不开始新的段落，可以使用换行标签
。

标签的作用是强制文本换行，即
以后的内容(文字、图像、表格等)显示在下
一行，在行和行之间不会留下空行，其基本语法格式如下。

```
文字 <br/>
```

或：

```
<br/>文字
```

使用换行标签，可以使页面内容看起来整齐、美观。

2.1.5　水平线标签

水平分隔线可以将文档分隔，使页面看起来结构清晰、层次分明。
<hr/>标签的作用是在页面上显示一条水平线，其基本语法格式如下。

```
<hr    align="left|center|right"    size="n"    width="n|%"    color="color"
noshade="noshade"/>
```

属性介绍如下。

- align：参考 2.1.2 节中有关 align 的说明。
- size：设置水平线的粗细，n 取正整数，默认为 2 像素。
- width：设置水平线的长度，n 取正整数，表示确定的像素值；也可以取浏览器窗口的百分比值，默认为 100%。
- color：设置水平线的颜色，默认为黑色。可以使用颜色名称、十六进制值(#RGB)或 rgb(r,g,b)函数。
- noshade：设置水平线是否有阴影，默认为有阴影。

【说明】最好用 CSS 定义水平线的样式，而不用 hr 标签的各种属性。

例如，定义一条水平线，居中显示、粗 5px、宽 400px、红色、无阴影，代码如下。

```
<hr align="center" size="5" width="400" color="red" noshade="noshade"/>
```

2.1.6　文本格式化标签

在网页中，有时需要为文字设置粗体、斜体或下划线等效果。为此，HTML 准备了专门的文本格式化标签，为文本设置特殊的显示方式。常用的文本格式化标签如表 2-1 所示。

表 2-1　常用的文本格式化标签

标　签	显　示　效　果
<b></b>和<strong></strong>	文本以粗体方式显示，b 定义文本为粗体，strong 定义强调文本
<i></i>和<em></em>	文本以斜体方式显示，i 定义文本斜体，em 定义强调文本
<s></s>和<del></del>	文本以加删除线方式显示(HTML5 不推荐使用<s></s>)
<u></u>和<ins></ins>	文本以加下划线方式显示(HTML5 不推荐使用<u></u>)
<mark></mark>	文本高亮显示
<cite></cite>	创建一个引用标记，被标记的文本以斜体显示

【例 2-1-2】文本格式化标签的使用。本例在浏览器中的显示效果如图 2-3 所示，页面文件 2-1-2.html 的代码如下。

```
<!DOCTYPE html>
<html>
  <head>
    <meta charset="utf-8">
```

```
    <title>文本格式化标签的使用</title>
  </head>
  <body>
    <p>正常显示的文本</p>
    <p><b>使用 b 标签定义的加粗文本</b></p>
    <p><strong>使用 strong 标签定义的强调文本</strong></p>
    <p><i>使用 i 标签定义的斜体文本</i></p>
    <p><em>使用 em 标签定义的强调文本</em></p>
    <p><del>使用 del 标签定义的删除线文本</del></p>
    <p><ins>使用 ins 标签定义的下划线文本</ins></p>
    <p>HTML5 的设计目的是<mark>在移动设备上支持多媒体。</mark></p>
    <p>时间是一切财富中最宝贵的财富。<cite> —— 德奥弗拉斯多</cite></p>
  </body>
</html>
```

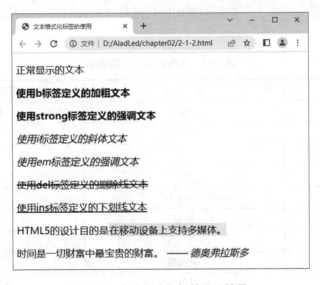

图 2-3　文本格式化标签显示效果

2.1.7　范围标签

范围和注释标签.mp4

在设计网页时，有时需要对一个段落内的某些元素进行单独设计，这时就可以用<span>标签来组合这些内容元素，形成行内的一个区域，从而实现某种特定效果。

<span>与</span>之间只能包含文本和各种行内标签，用来定义网页中某些特殊显示的文本，一般配合 class 属性使用。它本身没有固定的格式表现，只有应用样式时，才会产生视觉上的变化。

例如，对一段内的个别文字定义"红色、加粗"效果。

```
<p>HTML5 的设计目的是在<span style="color:red; font-weight:800;">移动设备上</span>支持多媒体。</p>
```

2.1.8 注释标签

为了增强代码的可读性,可以在 HTML 中添加一种特殊的标签——注释标签,以便于开发维护人员阅读和理解。注释标签不会显示在页面中,只有在编辑器中打开源代码时才可见。其基本语法格式如下。

```
<!-- 注释内容 -->
```

注释内容可以为一行,也可以为多行,并且开始标签和结束标签可以不在一行上。

2.1.9 特殊符号

要在网页中显示一些包含特殊字符的文本,如">"和"<"等,必须使用相应的 HTML 代码来表示,这些特殊符号对应的代码被称为字符实体。字符实体以"&"开头,以";"结尾。常用的特殊符号对应的代码如表 2-2 所示。

特殊符号.mp4

表 2-2　常用特殊字符的表示

特 殊 符 号	描 述	字符的代码
	空格符	\
<	小于号	\<
>	大于号	\>
&	和号	\&
¥	人民币	\¥
©	版权	\©
®	注册商标	\®
°	摄氏度	\°
±	正负号	\±
×	乘号	\×
÷	除号	\÷

2.1.10 案例制作

【案例】设计招商加盟——加盟中心局部页面。在 HBuilderX 的项目文件下新建 HTML 文件 2-1.html,关键代码如下。

案例制作.mp4

```html
<head>
  <title>加盟中心</title>
</head>
<body>
  <h3>加盟中心</h3>
  <hr size="3" noshade="noshade"/>
  <h4>合作项目</h4>
    <p>      开展新款<i>洗墙灯、LED 点光源、LED
```

投光灯、LED 路灯头</i>等户外灯具批发和灯饰招商加盟项目。</p>
        <h4>加盟理由</h4>
        <p>   1.网店代销灯具批发的市场前景广阔。
      2.成本低，风险低，利润高，是现在创业从商的最好选择！
      3.我们通过淘宝分销平台的灯具批发，全力打造一个网店代销的商业联盟，共同创业！
        </p>
        <h4>加盟热线</h4>
        <p>   全国灯具批发加盟热线：<strong><i>400-180-6788，
   400-180-6789</i></strong></p>
        </body>

【说明】为了实现缩进效果，使用了空格符号。

在浏览器中浏览网页，显示效果如图 2-1 所示。

2.2 图 像 标 签

图像是网页中不可缺少的内容，可以作为文档内容、超链接和背景等加入页面，使页面更加丰富多彩。

2.2.1 教学案例

教学案例.mp4

【案例展示】新闻动态——资讯详情局部页面的设计。

使用图像标签、标题标签和段落标签等，完成资讯详情局部页面的设计，本例文件 2-2.html 在浏览器中的显示效果如图 2-4 所示。

图 2-4　新闻动态——资讯详情局部页面

【知识要点】图像标签的定义、图像属性的设置、图文混排。
【学习目标】掌握图像属性的设置和图文混排技术。

2.2.2 常用图像格式

网页图像有 3 种常用的格式，即 GIF、PNG 和 JPG，具体区别如下。

常用图像格式.mp4

1. GIF 格式

GIF 格式最突出的特点就是支持动画，另外，它也是一种无损的图像格式。GIF 格式支持透明(全透明或全不透明)，因此很适合在互联网上使用。

GIF 格式文件最多使用 256 种颜色，适合显示色调不连续或具有大面积单一颜色的图像，如 Logo、小图标以及色彩相对单一的图像。

2. PNG 格式

PNG 是一种能替代 GIF 格式的无专利权限制的格式。相对于 GIF 格式，PNG 格式最大的优势是体积更小，支持 Alpha 透明(全透明、半透明、全不透明)，并且颜色过渡更平滑。但 PNG 格式不支持动画，只提供对索引色、灰度、真彩色图像及 Alpha 通道透明的支持。

3. JPG 格式

JPG 格式所能显示的颜色比 GIF 格式和 PNG 格式要多得多，可以用来保存超过 256 种颜色的图像，但 JPG 格式是一种有损压缩的图像格式。JPG 格式主要用于连续色调图像，随着文件品质的提高，文件的容量也随之提高，下载速度也会受到影响。

2.2.3 图像标签及其属性

在 HTML 网页中显示图像就需要使用图像标签，接下来将详细介绍图像标签<img/>及其相关属性。其基本语法格式如下。

```
<img src= "图像 URL"  width= "图像宽度"  height= "图像高度"  alt= "替代文字"
border= "边框宽度" align= "对齐方式"  title="文字"  hspace="空白宽度"  vspace="空白
高度" />
```

属性介绍如下。

- src：用于指定图像文件的路径和文件名，是标签的必需属性。
- width：设置图像的显示宽度，单位是像素或百分比。
- height：设置图像的显示高度，单位是像素或百分比。
- alt：图像不能显示时，代替图像的说明文字。
- border：设置图像边框的宽度，单位是像素。
- align：设置图像的对齐方式，取值为 left、center 和 right。
- title：鼠标指针指向图片时，显示的提示文字。
- hspace：定义图像左侧和右侧的空白。
- vspace：定义图像顶部和底部的空白。

下面详细介绍各个属性的具体功能和用法。

1. 指定图像的大小

如果不给图像设置宽度和高度，图像就会按照它的原始尺寸来显示。

指定图像大小.mp4

可以用 width 和 height 属性定义图像的宽度和高度，指定图像的大小。

在设置图像的大小时，通常只设置其中的一个属性，另一个属性会与已设置的属性保持一致的比例。如果同时设置两个属性，且其比例和原图比例不一致，显示的图像就会发生变形或失真。

width 和 height 可以是像素值，也可以是百分比值。如果用百分比值表示，则意味着显示的图像大小为相对浏览器窗口大小的百分比。

【例 2-2-1】设置图像大小。本例在浏览器中的显示效果如图 2-5 所示，页面文件 2-2-1.html 的关键代码如下。

```html
<html>
  <head>
    <meta charset="utf-8">
    <title>图像大小</title>
  </head>
  <body>
    <img src="img/led_jgd1.jpg" alt="景观路灯图片"/>
    <img src="img/led_jgd1.jpg" alt="景观路灯图片" width="200"/>
    <p>景观灯是现代景观中不可缺少的部分，它不仅自身具有较高的观赏性，还强调艺术灯的景观
与景区历史文化、周围环境的协调统一。</p>
  </body>
</html>
```

在图 2-5 中，左侧的图没有指定大小，按原始大小显示；右侧的图指定宽度为 200px，高度也按等比例显示。

图 2-5 设置图像大小

2. 指定图像的替换文本

由于某些原因图像可能无法正常显示，例如图片丢失、浏览器版本过低、网络不畅等，这时用户就不能在浏览器中看到图像。在图像无法显示

指定替换文本.mp4

时，可以在图像位置显示由 alt 属性指定的替换文本，告诉用户有关该图像的信息。

【例 2-2-2】设置图像替换文本。修改例 2-2-1 的代码，把第一个<img>标签的内容改成如下代码，本例文件 2-2-2.html 在浏览器中的显示效果如图 2-6 所示。

```
<img src="img/led_jgd1.gif" alt="景观路灯图片"/>
```

因为图像文件 img/led_jgd1.gif 不存在，所以在图像位置显示 alt 属性指定的替换文本。

3. 指定图像的边框

默认情况下，图像是没有边框的，有时会显得有些单调。通过 border 属性可以为图像添加边框，设置边框的宽度。添加边框后的图像会更醒目、美观。边框的颜色默认为黑色，不可调整。

指定图像边框.mp4

【例 2-2-3】给图像设置边框。修改例 2-2-2 的代码，为图像设置宽度为 2px 的边框。本例文件 2-2-3.html 在浏览器中的显示效果如图 2-7 所示，修改后的代码如下。

```
<body>
    <img src="img/led_jgd1.jpg" alt="景观路灯图片" width="200" border="2"/>
    <p>景观灯是现代景观中不可缺少的部分，它不仅自身具有较高的观赏性，还强调艺术灯的景观与景区历史文化、周围环境的协调统一。</p>
</body>
```

图 2-6　设置图像替换文本　　　　图 2-7　设置图像边框

4. 指定图像的对齐方式

图文混排在网页中很常见，指的是图像与同页面中的图像、文本、插件或其他元素的对齐方式。默认情况下，图像的底部会相对于文本的

图像对齐方式.mp4

第一行文字对齐。但是，在制作网页的过程中，有时需要实现图像和文字的环绕效果，这就需要使用图像的对齐属性 align。

【例 2-2-4】设置图像靠左、文字居右的图文混排效果。修改例 2-2-3 的代码，为 img 标签应用 align="left"属性。本例文件 2-2-4.html 在显示器中的浏览效果如图 2-8 所示，修改后的代码如下。

```
<img src="img/led_jgd1.jpg" width="200" border="2" align="left" hspace="10"/>
```

为了使页面美观，设置 hspace="10"，使图片左右各留出 10 像素的空白。

图 2-8 设置图像的对齐方式

案例制作.mp4

2.2.4 案例制作

资讯详情页设计.mp4

【案例：资讯详情局部页面】2-2.html 文档的关键代码如下。

```
<head>
  <title>新闻动态-资讯详情</title>
</head>
<body>
  <h4 align="center">以 LED 照明代替日光，中国科考队在南极成功种菜</h4>
       <h5 align="center">2023-03-08 09:17</h5>
     <p>中国科考队使用可重复使用的水循环与营养系统，以 LED 照明代替日光，……</p>
     <img src="img/pro_info.jpg" width="400" alt="科学家在南极成功种植蔬菜"
align="left" hspace="10"/>
     <p>南极站的科考队员们经过刻苦钻研，反复实验，研制出了一种特殊的营养液，…… </P>
     <p>同时，以 LED 照明代替日光，并仔细监控室内的二氧化碳，在现有基础之上…… </p>
     <p>目前温室内每天都能够收获一公斤以上的新鲜蔬菜，但科考队员们并不满足于…… </p>
</body>
```

【说明】为了控制版面，案例中应该显示的文本在此没有全部显示出来。完整代码请参考教材配套的源代码。浏览网页，可以看到显示效果如图 2-4 所示。

2.3 超链接标签

各个网页链接在一起，才能真正构成一个网站，进一步实现互联网上各种资源的共享，而各个网页的链接就是通过超链接实现的。

2.3.1 教学案例

【案例展示】链接案例——网站信息页面。

教学案例.mp4

在本案例制作的页面中，当单击"加盟中心"链接时，打开如图 2-1 所示的加盟中心页面；当单击"资讯详情"链接时，打开如图 2-4 所示的资讯详情页面；当单击"百度搜索"链接时，打开百度网站首页；当单击"合作协议"链接时，下载合作协议文件。本例文件 2-3.html 在浏览器中的显示效果如图 2-9 所示。

图 2-9　链接案例

【知识要点】超链接的定义，页面间链接、网站间链接、下载文件链接等。
【学习目标】掌握各种超链接的应用场合和实现技术。

2.3.2　超链接简介

一个完整的超链接包括两部分：链接的载体和链接的目标地址。链接的载体指的是显示链接的部分，可以是文字或图像。链接的目标地址是指单击超链接后显示的内容，可以是其他网页、图像、多媒体、电子邮件地址、可下载文件和应用程序等。

超链接简介.mp4

在 HTML 中创建超链接非常简单，只需要用<a>和</a>标签环绕需要被链接的对象即可，其基本语法格式如下。

```
<a href="url" target="窗口名称">超文本</a>
```

在上面的语法中，<a>标签用于定义超链接，href 和 target 为其常用属性。

● href：用于指定链接目标的 URL 地址。需要创建空链接时，用"#"代替 URL。
● target：用于指定链接页面的打开方式，常用的取值有_self 和_blank 两种。其中_self 为默认值，意思为在原窗口中打开；_blank 意思为在新窗口中打开。

【例 2-3-1】超链接示例。单击网页上的"百度"文本，打开百度网站首页。页面文件 2-3-1.html 的关键代码如下。

```
<a href="https://www.baidu.com" target="_blank">百度</a>
```

在例 2-3-1 中，链接文本"百度"显示为蓝色且带有下划线。属性 href 指定链接目标网址是 https://www.baidu.com。属性 target="_blank"定义链接页面在新窗口中打开。当鼠标指针移到链接文本上时，光标变为小手的形状，同时页面的左下方会显示链接页面的地址。当单击链接文本"百度"时，会在新窗口中打开百度网站首页。

超链接标签本身有默认的显示样式，即蓝色且带有下划线效果。

2.3.3　绝对路径与相对路径

绝对路径和

相对路径.mp4

创建超链接时，需要知道链接载体和被链接文件的位置，文件的位置就是路径。网页中的路径通常分为两种，即绝对路径和相对路径。

1. 绝对路径

绝对路径是包括通信协议名、服务器名、路径及文件名的完整路径，如清华大学网站首页的网络地址"https://www.tsinghua.edu.cn/index.htm"，就是绝对路径。

2. 相对路径

相对路径就是相对于当前文件的路径，通过层级关系来描述目标文件的位置。

相对路径的设置分为以下 3 种。

(1) 链接文件和目标文件位于同一文件夹。只需要输入目标文件的名称即可。例如，目标文件 index.html 和链接文件在同一个文件夹中，代码为<a href= "index.html" />网站首页<./a>。

(2) 目标文件位于链接文件的下一级文件夹。输入文件夹名和文件名，之间用"/"隔开。例如，目标文件 index.html 在 main 文件夹中，链接文件和 main 文件夹在同一个文件夹中，代码为<a href="main/index.html" />网站首页<./a>。

(3) 目标文件位于链接文件的上一级文件夹。在文件名之前加入"../"，如果是上两级，则需要使用"../../"，依此类推。例如，目标文件 index.htm 位于链接文件的上一级文件夹，代码为<a href="../index.html" />网站首页<./a>。

相对路径适用于创建网站的内部链接，它是以当前文件所在的路径为起点，进行目标文件的查找。

2.3.4　超链接的应用

1. 站内页面间的链接(站内链接)

同一网站域名下的各页面间可以用超链接实现相互间的访问。

例如，在首页以外的其他页面上，单击超链接"首页"返回网站首页，其代码如下。

```
<a href="index.html" target="_self">首页</a>  <br/>
```

注意，站内链接尽量使用相对路径。

2. 网站间的链接

不同网站间可以通过超链接实现信息和资源的共享。

例如，在网页上单击超链接"163 邮箱"，打开 163 网易邮箱首页，其代码如下。

```
<a href="https://mail.163.com" target="_blank">163 邮箱</a>   <br/>
```

通过超链接，也可以链接到其他网站的网页上。

例如，单击超链接"百度百科--超链接"，打开百度百科网站上关于超链接介绍的页面，其代码如下。

```
<a href="https://baike.baidu.com/item/%E8%B6%85%E9%93%BE%E6%8E%A5/97857?fr=
aladdin" target="_blank">百度百科--超链接</a>  <br/>
```

3. 媒体链接

超链接除了可链接文本外,也可链接各种媒体,如声音、图像和动画等,通过它们可以将网站建设成一个丰富多彩的多媒体世界。

例如,单击超链接"MP4 视频",打开视频文件并开始播放,其代码如下。

```
<a  href="media/movie.mp4" target="_blank">MP4 视频</a>  <br/>
```

注意:

只有当项目文件夹的 media 目录中有 movie.mp4 文件时,才能正确播放。

4. 下载链接

当需要在网站中提供资料下载时,可以为资料文件提供下载链接。如果超链接指向的不是一个网页文件,而是其他文件,如 doc、xls、zip 和 rar 文件等,单击链接时就会下载相应的文件。

例如,单击超链接"合作协议下载",开始下载文件,其代码如下。

```
<a href="datum/合作协议.rar">合作协议下载</a>  <br/>
```

注意:

只有当项目文件夹的 datum 目录中有"合作协议.rar"文件时,才能正确下载。

5. 用图像做超链接

为了增加页面的美观性,有时用图像代替文字做超链接。

例如,将超链接中的"首页"超文本用图片替换,其代码如下。

```
<a href="index.html" target="_self"><img src="img/nav1.gif"> </a>  <br/>
```

在低版本的 IE 浏览器中,这样做会给链接图像添加边框效果。要去掉链接图像的边框,只需要将边框定义为 0 即可。

2.3.5 案例制作

【**案例:链接案例——网站信息页面设计**】在 HBuilderX 中制作案例的过程如下。

案例制作.mp4

(1) 在当前项目中新建目录 datum,将合作协议 1.doc 文件复制到该目录下。

(2) 创建网页文件,在当前项目中创建一个 HTML5 网页文件,文件名为 2-3.html。

```
<html>
  <head>
    <title>链接案例-网站信息</title>
  </head>
  <body>
    <h3>网站信息</h3>
```

```
    <p><a href="2-1.html">加盟中心</a></p>
    <p><a href="2-2.html">资讯详情</a></p>
    <hr width="98%" align="left">
    <h3>友情链接</h3>
    <p><a href="https://wwww.baidu.com">百度搜索</a></p>
    <hr width="98%" align="left">
    <h3>资料下载</h3>
    <p><a href="datum/合作协议1.doc">合作协议</a></p>
  </body>
</html>
```

(3) 在浏览器中浏览网页，可以看到显示效果，如图 2-9 所示。

2.4　列　　表

列表可以结构化、易读化的方式提供信息。在制作网页时，用列表制作的导航、目录和提纲，可使文档结构条理清晰、层次分明，使传达的信息更加清晰明确。

列表主要分为无序列表、有序列表、定义列表和嵌套列表等。

2.4.1　教学案例

【案例展示】招商加盟——合作方式局部页面。

教学案例.mp4

本例使用多种列表技术设计招商加盟——合作方式局部页面，页面文件 2-4.html 在浏览器中的显示效果如图 2-10 所示。

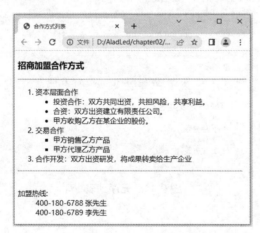

图 2-10　招商加盟——合作方式局部页面

【知识要点】无序列表、有序列表、定义列表和嵌套列表。
【学习目标】掌握各种列表的使用方法和列表嵌套技术。

2.4.2　无序列表

无序列表是网页中最常用的列表。无序列表的各个列表项之间没有顺

无序列表.mp4

序，前导符号也没有一定次序，一般用圆圈、圆点和方块等特殊符号作为前导符号。

定义无序列表的基本语法格式如下。

```
<ul type="符号类型">
  <li>列表项 1</li>
  <li>列表项 2</li>
  ......
</ul>
```

属性 type 用于定义无序列表的前导符号，取值有 circle(圆圈)、disc(圆点)和 square(方块)，默认为 disc。

【说明】在上面的语句中，<ul></ul>标签用于定义无序列表，<li></li>是具体的列表项，每对<ul></ul>中至少应包含一对<li></li>。

注意：
在 HTML5 中，不再支持 type 属性，一般采用 CSS 样式来定义列表的前导符号。

【例 2-4-1】无序列表示例。本例在浏览器中的显示效果如图 2-11 所示，页面文件 2-4-1.html 的关键代码如下。

```
<body>
    <h3>HTML5 列表类型</h3>
    <ul>
      <li>无序列表</li>
      <li>有序列表</li>
      <li>定义列表</li>
    </ul>
</body>
```

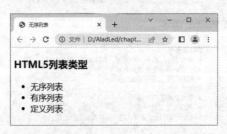

图 2-11   无序列表

2.4.3   有序列表

有序列表中的各个列表项按照一定的顺序排列，有先后顺序之分，它们之间用编号标记。定义有序列表的基本语法格式如下。

有序列表.mp4

```
<ol type="符号类型" start="编号起始值" reversed="reversed">
  <li>列表项 1</li>
  <li>列表项 2</li>
  ......
</ol>
```

属性介绍如下。

- type：列表项的符号类型，取值为 1(阿拉伯数字)、a(小写英文字母)、A(大写英文字母)、i(小写罗马数字)、I(大写罗马数字)，默认符号是阿拉伯数字。
- start：列表项编号的起始值，取值为正整数。默认取值为 1，即编号从 1 开始。
- reversed：是否对列表项反向排序，当取值为 reversed 时，反向排序。

【例 2-4-2】有序列表示例。本例在浏览器中的显示效果如图 2-12 所示，页面文件 2-4-2.html 的关键代码如下。

```
<body>
    <h3>热门歌曲排名</h3>
    <ol start="3">
        <li>我和我的祖国  </li>
        <li>明天会更好</li>
        <li>难忘雪山草地</li>
    </ol>
</body>
```

图 2-12　有序列表

【说明】因为 start 属性的取值为 3，所以列表项编号从 3 开始。

2.4.4　定义列表

定义列表又称为字典列表，通常用于表示名词或概念的定义。定义列表的列表项前没有任何项目符号。其基本语法格式如下。

定义列表.mp4

```
<dl>
    <dt>标题 1</dt>
    <dd>标题 1 的描述 1</dd>
    <dd>标题 1 的描述 2</dd>
        ……
    <dt>标题 2</dt>
    <dd>标题 2 的描述 1</dd>
    <dd>标题 2 的描述 2</dd>
        ……
</dl>
```

【说明】在上面的语句中，<dl></dl>标签指定定义列表，<dt></dt>标签指定列表项的标题，<dd></dd>标签对标题进行描述。<dt></dt>和<dd></dd>并列嵌套于<dl></dl>中，一对<dt></dt>可以对应多对<dd></dd>，即一个标题可以有多个描述。

【例 2-4-3】定义列表示例。本例在浏览器中的显示效果如图 2-13 所示，页面文件 2-4-3.html 的关键代码如下。

```
<body>
 <dl>
  <dt>景观灯</dt>
  <dd>景观灯是现代景观中不可缺少的部分，具有较高的观赏性。还强调艺术灯的景观与景区历史文化、周围环境的协调统一。</dd>
  <dd>景观灯利用不同的造型、相异的光色与亮度来造景。</dd>
  <dd>景观灯也有一定的坏处，例如：不环保等。</dd>
 </dl>
</body>
```

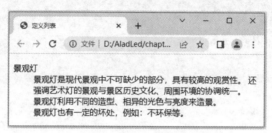

图 2-13　定义列表

【说明】本定义列表中，定义的标题是"景观灯"，对标题的描述有 3 项内容。

2.4.5　嵌套列表

有序列表、无序列表和定义列表不仅可以自身嵌套，而且彼此可互相嵌套。利用嵌套列表，可以把页面分为多个层次，给人以很强的层次感。

嵌套列表.mp4

【例 2-4-4】嵌套列表示例。本例文件 2-4-4.html 在浏览器中的显示效果如图 2-14 所示，页面关键代码如下。

```
<body>
<dl>
    <dt>路灯的分类</dt>
    <dd>
     <ol>
     <li>按路灯光源分：
        <ul>
            <li>钠灯路灯</li>
            <li>LED 路灯</li>
            <li>节能路灯</li>
            <li>新型照明氙气路灯</li>
        </ul>
     </li>
     <li>按供电方式分：
        <ul>
            <li>市电路灯</li>
            <li>太阳能路灯</li>
```

```
        <li>风光互补路灯</li>
      </ul>
    </li>
   </ol>
  </dd>
 </dl>
</body>
```

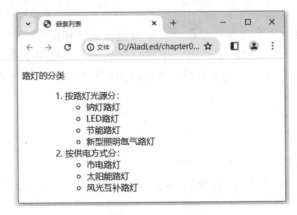

图2-14 嵌套列表

案例制作.mp4

2.4.6 案例制作

【案例：招商加盟——合作方式局部页面】2-4.html 文档的关键代码如下。

```
<body>
 <h3>招商加盟合作方式</h3>
 <hr/>
 <ol>
   <li>资本层面合作
    <ul type="disc">
      <li>投资合作：双方共同出资，共担风险，共享利益。</li>
      <li>合资：双方出资建立有限责任公司。</li>
      <li>甲方收购乙方在某企业的股份。</li>
    </ul>
   </li>
   <li>交易合作
    <ul type="square">
      <li>甲方销售乙方产品</li>
      <li>甲方代理乙方产品</li>
    </ul>
   </li>
   <li>合作开发：双方出资研发，将成果转卖给生产企业</li>
 </ol>
 <hr width="98%" align="left">
 <dl>
    <dt>加盟热线：</dt>
    <dd>400-180-6788    张先生</dd>
```

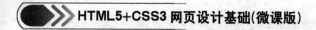

```
        <dd>400-180-6789   李先生</dd>
    </dl>
</body>
```

浏览页面，效果如图 2-10 所示。

2.5 表　　格

表格是网页中的一个重要容器元素，其中可包含文字和图像。表格使网页结构紧凑整齐、网页内容的显示一目了然。表格除了用来显示数据外，还用于搭建网页的结构，几乎所有 HTML 页面都或多或少采用了表格。要想精通网页制作，熟练掌握表格的各种属性是很有必要的。

2.5.1　教学案例

【案例展示】LED 射灯介绍局部页面。

教学案例.mp4

使用表格技术，制作 LED 射灯介绍局部页面。本例文件 2-5.html 在浏览器中的显示效果如图 2-15 所示。

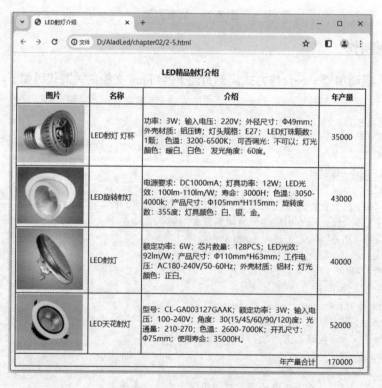

图 2-15　LED 射灯介绍局部页面

【知识要点】表格、表格行和单元格的定义，表格宽度、高度、单元格边距、单元格间距的设置，单元格跨行、跨列的设置，表格中数据的对齐方式。

【学习目标】根据业务要求设计表格的技术，用表格的属性优化表格的技术。

2.5.2 表格的结构

表格是由行和列组成的二维表，而每行又由一个或多个单元格组成，用于放置数据或其他内容。单元格的内容是数据，可以包含文本、图片、列表、表单、水平线或表格等元素。

表格的结构.mp4

表格由<table>和</table>标签定义。每个表格均有若干行(由<tr>标签定义)，每行被分隔为若干单元格(由<td>标签定义)。表格的基本结构如图2-16所示。

```
<table>表格
              <caption>表格标题</caption>
<tr>   <th>表头1</th>    <th>表头2</th>    ...    <th>表头n</th>    </tr>
<tr><td>单元格2-1</td> <td>单元格2-2</td>  ...  <td>单元格2-n</td> </tr>
<tr><td>单元格3-1</td> <td>单元格3-2</td>  ...  <td>单元格3-n</td> </tr>
<tr>      ...              ...            ...         ...        </tr>
<tr>      ...              ...            ...         ...        </tr>
<tr><td>单元格m-1</td> <td>单元格m-2</td>  ...  <td>单元格m-n</td> </tr>
</table>
```

图 2-16　表格的基本结构

2.5.3 表格的基本语法

在HTML语法中，用<table>标签定义表格，用<tr>标签定义表格行，用<th>标签定义表头，用<td>标签定义单元格。定义表格的语法格式如下。

表格的基本语法 mp4

```
<table border= "n" width= "x|%" height= "y|%" cellspacing= "i" cellpadding= "j">
<caption>表格标题</caption>
    <tr><th>表头 1</th><th>表头 2</th>...<th>表头 n</th></tr>
<tr><td>表头 2-1</td><td>表头 2-2</td>...<td>表头 2-n</td></tr>
…
<tr><td>表头 m-1</td><td>表头 m-2</td>...<td>表头 m-n</td></tr>
</table>
```

在上面的语句中，使用<caption>标签为表格指定标题。标题默认在表格的上方左右居中显示，<caption>标签的align属性可以用来定义表格标题的对齐方式。

表格是逐行逐列建立的，表格的第一行为表头，用<th>标签定义，文字样式为居中、加粗显示。<td>标签定义的单元格中的文字按正常字体显示。

表格的整体外观由<table>标签的属性决定，各属性的功能如下。

● border：定义表格边框的宽度，单位是像素。默认值为0，显示为没有边框的表格。
● width：定义表格的宽度，单位是像素或百分比。
● height：定义表格的高度，单位是像素或百分比。
● cellspacing：定义单元格之间的空白，单位是像素，默认为2px。
● cellpadding：定义单元格边框与内容之间的空白，单位是像素，默认为1px。

【说明】表格所使用的边框样式一般在专门的CSS样式文件中定义。此处讲解这些属性仅仅是为了演示表格案例中的页面效果，在真正涉及表格外观时，一般通过CSS样式完成。

【例 2-5-1】表格示例，建立按季度进行统计的收支统计表。本例在浏览器中的显示效果如图 2-17 所示，页面文件 2-5-1.html 的关键代码如下。

```html
<body>
 <table border="1" cellpadding="2" cellspacing="0" width="350">
  <caption>收支统计表</caption>
  <tr> <th>季度</th><th>收入</th><th>支出</th><th>合计</th> </tr>
  <tr> <td>1 季度</td><td>45000</td><td>40000</td><td>5000</td> </tr>
     <tr> <td>2 季度</td><td>43000</td><td>45000</td><td>-2000</td> </tr>
     <tr> <td>3 季度</td><td>45000</td><td>44000</td><td>1000</td> </tr>
     <tr> <td>4 季度</td><td>46000</td><td>47000</td><td>-1000</td> </tr>
 </table>
</body>
```

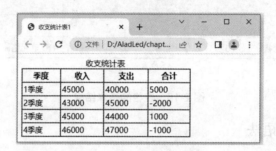

图 2-17　收支统计表

2.5.4　表格的修饰

表格具有丰富的属性，通过设置属性可以对表格进行美化。

1. 表格的大小

通过 width 属性和 height 属性可以指定表格的宽度和高度，单位可以是精确的像素值。另外，也可以通过表格所占浏览器窗口的百分比来设置表格的大小。

表格的大小
和背景.mp4

width 属性和 height 属性不但可以设置表格的大小，还可以设置表格单元格的大小。为表格单元格设置 width 属性或 height 属性，将影响整行或整列单元格的大小。

2. 表格的背景

表格的背景默认为白色。可以根据网页设计的要求，用 bgcolor 属性设定表格的背景颜色。可以用 background 属性设定表格的背景图像，表格的背景图像格式可以是 GIF、JPEG 或 PNG 三种。

使用 bgcolor 属性和 background 属性也可以分别为单元格添加背景颜色和背景图像。

需要注意的是，表格和单元格的背景颜色或背景图像需要与文字颜色形成足够大的反差，否则将不容易分辨表格中的文本数据。

【例 2-5-2】修改例 2-5-1 中的表格，给第一行(表头行)添加背景颜色。本例文件 2-5-2.html 在浏览器中的显示效果如图 2-18 所示，修改后的代码如下。

```
<tr bgcolor="#DDD"> <th>季度</th><th>收入</th><th>支出</th><th>合计</th> </tr>
```

图 2-18　为收支统计表的表头添加背景色

3. 表格的对齐方式

表格在网页中的位置有三种：居左、居中和居右。使用 align 属性可设置表格在网页中的对齐方式，其语法格式如下。

表格的对齐和表格
内容的对齐设置.mp4

```
<table align="left | center | right">
```

属性 align 的默认取值为 left，即在默认情况下表格的对齐方式为左对齐。

当表格设置 align 属性，且位于页面的左侧或右侧时，表格下方的文本填充在另一侧。当表格居中或省略 align 属性时，文本则在表格的下面。

4. 表格中数据的对齐方式

(1) 数据水平对齐。

使用 align 属性可以设置表格中的数据在单元格中的水平对齐方式。align 属性的取值可以是 left、center 和 right，默认值为 left，即单元格数据水平左对齐。

如果在<tr>标签中使用 align 属性，可设置整行所有单元格中的数据水平对齐方式。

如果给某个单元格的<td>标签使用 align 属性，可设置该单元格中的数据水平对齐方式。

(2) 数据垂直对齐。

使用 valign 属性可以设置表格数据在单元格中的垂直对齐方式。valign 属性的取值可以是 top、middle、bottom 和 baseline，默认值为 middle，即单元格数据垂直居中对齐。

【例 2-5-3】修改例 2-5-2 中的表格，使得表格中的数据在单元格中水平居中显示。本例文件 2-5-3.html 在浏览器中的显示效果如图 2-19 所示，修改后的表格代码如下。

```
<table border="1" cellpadding="2" cellspacing="0" width="350">
<caption>收支统计表</caption>
 <tr bgcolor="#DDD"> <th>季度</th><th>收入</th><th>支出</th><th>合计</th> </tr>
 <tr align="center"> <td>1 季度</td><td>45000</td><td>40000</td><td>5000</td> </tr>
 <tr align="center"> <td>2 季度</td><td>43000</td><td>45000</td><td>-2000</td> </tr>
 <tr align="center"> <td>3 季度</td><td>45000</td><td>44000</td><td>1000</td> </tr>
 <tr align="center"> <td>4 季度</td><td>46000</td><td>47000</td><td>-1000</td> </tr>
 </table>
```

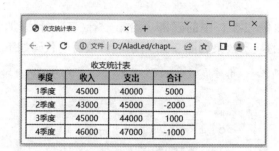

图 2-19　数据水平居中显示

2.5.5　不规范表格

所谓不规范表格，是指单元格的个数不等于行数乘以列数的值。在实际应用中经常会使用不规范表格，这时需要把多个单元格合并为一个单元格，也就是表格的跨行和跨列功能。

不规范表格.mp4

HTML 中使用 colspan 和 rowspan 属性来创建不规范表格。

1. 设置单元格跨行

跨行是指单元格在垂直方向上合并，用单元格的 rowspan 属性可设置单元格跨行，其语法格式如下。

```
<td rowspan="所跨的行数">单元格内容</td>
```

【说明】rowspan 属性指明该单元格应有多少行的跨度，在<th>和<td>标签中使用。

2. 设置单元格跨列

跨列是指单元格在水平方向上合并，用单元格的 colspan 属性可设置单元格跨列，其语法格式如下。

```
<td colspan="所跨的列数">单元格内容</td>
```

【说明】colspan 属性指明该单元格应有多少列的跨度，在<th>和<td>标签中使用。

【例 2-5-4】修改例 2-5-3 中的表格，在最下边增加一行，显示对"合计"列进行总计的数值。本例文件 2-5-4.html 在浏览器中的显示效果如图 2-20 所示，修改后的代码如下。

```
<tr align="center"><td colspan="3">总计</td><td>3000</td></tr>
```

图 2-20　不规范表格

【说明】为表格设置跨行、跨列以后，并不会改变表格的特点：表格中同行的内容总高度一致，同列的内容总宽度一致，各单元格的宽度或高度互相影响，结构相对稳定；它的不足之处是不能灵活地进行布局控制。

2.5.6　案例制作

案例制作.mp4

【案例：LED 射灯介绍局部页面设计】在 HBuilderX 中创建该页面的步骤如下。

(1) 把需要的图片资料复制到项目的 img 文件夹中。

(2) 在项目中创建 2-5.html 文件，页面文件的关键代码如下。

```
<head>
  <title>LED 射灯介绍</title>
</head>
<body>
  <table border="1" cellpadding="2" cellspacing="0" width="780">
    <caption><h4>LED 精品射灯介绍</h4></caption>
    <tr> <th width="160" height="30">图片</th>
<th width="120">名称</th>
<th width="400">介绍</th>
<th width="100">年产量</th>
</tr>
    <tr> <td><img src="img/led_sd3.jpg" width="150"></td>
<td>LED 射灯 灯杯</td>
<td>功率： 3W；输入电压：220V；外径尺寸：Φ49mm；外壳材质：铝压铸； 灯头规格：E27；
LED 灯珠颗数：1 颗；色温：3200-6500K；可否调光：不可以；灯光颜色：暖白、白色；发光角度：60
度。</td>
    <td align="center">35000</td>
    </tr>
    <tr> <td><img src="img/led_sd4.jpg" width="150"></td>
<td>LED 旋转射灯</td>
<td>电源要求：DC1000mA；灯具功率：12W；LED 光效：100lm-110lm/W；寿命：3000H；
色温：3050-4000k；产品尺寸：Φ105mm*H115mm；旋转度数：355 度；灯具颜色：白、银、金。
</td>
    <td align="center">43000</td>
    </tr>
    <tr> <td><img src="img/led_sd5.jpg" width="150"> </td>
<td>LED 射灯</td>
    <td > 额定功率 6W；芯片数量：128PCS；LED 光效：92lm/W；产品尺寸：Φ110mm*H63mm；
工作电压：AC180-240V/50-60Hz；外壳材质：铝材；灯光颜色：正白。</td>
    <td align="center">40000</td>
    </tr>
    <tr> <td><img src="img/led_sd6.jpg" width="150"></td>
<td>LED 天花射灯</td>
    <td>型号：CL-GA003127GAAK；额定功率：3 W；输入电压：100-240V；角度：30 (15/45/60/90/120)
度；光通量：210-270；色温：2600-7000K；开孔尺寸：Φ75mm；使用寿命：35000H。</td>
    <td align="center">52000</td>
    </tr>
```

```
    <tr> <td colspan="3" align="right">年产量合计</td>
<td align="center">170000 </td>
</tr>
</table>
</body>
```

(3) 在浏览器中浏览 2-5.html 文件，显示效果如图 2-15 所示。

2.6 实 践 训 练

实践训练.mp4

【实训任务】设计新闻动态——产品资讯局部页面。本例文件 2-6.html 在浏览器中的显示效果如图 2-21 所示。

图 2-21　新闻动态——产品资讯局部页面

【知识要点】文本控制标签、图像标签及图文混排、列表、超链接。

【实训目标】掌握用文本标签、图像标签、列表、超链接等设计页面的技术。

2.6.1　任务分析

分析图 2-21 所示的页面，该页面由 h3 标题、水平线和无序列表构成，而无序列表的列表项又由 h4 标题、图片和文字构成，并且采用图片靠左的图文混排布局。单击列表项的标题即可打开对应的资讯详情页。

2.6.2　任务实现

根据上面的分析，准备素材，创建网页文件，完成新闻动态——产品资讯局部页面的设计，具体步骤如下。

(1) 启动 HBuilderX，将需要的图片素材复制到当前项目的 img 文件夹中。

(2) 在当前项目中新建一个 HTML5 文档，文件名为 2-6.html。

(3) 在 HBuilderX 编辑区编辑该文件，页面文件的代码如下。因篇幅所限，<p></p>标签中部分文字省略，完整代码请参考配套例题源代码。

```
<body style="width:800px">
  <h3>新闻动态-产品资讯</h3>
  <hr>
  <ul>
    <li>
<h4><a href="2-2.html">以 LED 照明代替日光，中国科考队在南极成功种植蔬菜</a></h4>
      <img src="img/pro_info_1.jpg" width="150" height="130" align="left"
hspace="10"/>
    <p>南极站的科考队员们经过刻苦钻研，反复实验，研制出了......</P>
    <p>科学家以 LED 照明代替日光，并仔细监控室内的二氧化碳，......</p>
    </li>
    <li>
      <h4><a href="#">告别价格战！专利成为 LED 企业竞争"核武器"</a></h4>
      <img src="img/pro_info_2.jpg" width="150" height="130" align="left"
hspace="10"/>
    <p>随着中国经济发展进入新常态，经济发展动力越来越依赖创新驱动，......</p>
      <br/><br/><br/>
    </li>
    <li>
      <h4><a href="#">首个室内 LED 光信息传输系统地方标准出台</a></h4>
      <img src="img/pro_info_3.png" width="150" height="130" align="left"
hspace="10"/ >
    <p>为规范室内 LED 光信息传输系统的技术要求，深圳市市场监督管理局......</p>
    <p>2018 年 4 月 4 日，为规范室内 LED 光信息传输系统的技术要求，......</p>
      </li>
  </ul>
</body>
```

(4) 在 Chrome 浏览器中浏览网页，效果如图 2-21 所示。

【实训说明】在第二条资讯的内容后边，添加了换行符
，这是为了增加行数，使布局整齐，因为第二条资讯的内容较少。

图文混排最好用 CSS 样式实现，对图片设置靠左浮动，并对下一条资讯设置清除浮动。实现方法请参考配套的源代码。

2.7 拓展知识

(1) 锚记链接。
(2) 页面交互标签。

网页基本元素拓展知识.docx

拓展知识.mp4

2.8 本章小结

本章首先介绍了文本控制标签的功能及用法，然后介绍了图像标签、超链接、列表和表格的设计技术，最后通过实例讲解了文本控制标签、图像标签、列表标签和超链接在页面设计中的实际应用技术。

通过本章的学习，读者应能掌握应用页面元素设计简单网页的技术。

2.9 练 习 题

一、选择题(请扫右侧二维码获取)

选择题.docx

二、综合训练题

(1) 应用文本控制标签设计如图 2-22 所示的页面。

(2) 利用图文混排技术和文本控制标签设计如图 2-23 所示的页面。

图 2-22 练习题 1 效果图

图 2-23 练习题 2 效果图

(3) 设计如图 2-24 所示的导航。

(4) 设计如图 2-25 所示的嵌套列表。

图 2-24 练习题 3 效果图

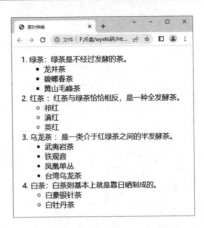

图 2-25 练习题 4 效果图

5. 设计如图 2-26 所示的课程表。

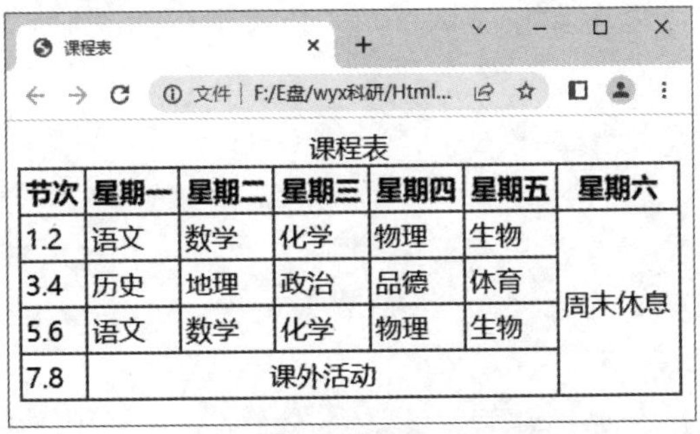

节次	星期一	星期二	星期三	星期四	星期五	星期六
1.2	语文	数学	化学	物理	生物	周末休息
3.4	历史	地理	政治	品德	体育	
5.6	语文	数学	化学	物理	生物	
7.8	课外活动					

图 2-26 练习题 5 效果图

第 **3** 章

CSS 入门

本章要点

CSS 是 Web 设计领域中的一次突破，它为 HTML 提供了一种样式描述，可定义元素的显示方式，如版式、颜色和大小等。CSS 样式表可以将所有的样式声明统一存放，并进行统一管理，也就是说，页面中显示的内容放在结构中，而修饰、美化功能放在样式中，实现结构(内容)与样式的分离。这样，当页面使用不同的样式时，呈现出来的效果是不一样的。W3C(万维网联盟)推荐使用 CSS 来实现页面元素的显示。

学习目标

- 掌握 CSS 的定义与使用方法。
- 掌握 CSS 样式规则。
- 掌握 CSS 基础选择器，能够运用 CSS 选择器选择页面元素。
- 掌握 CSS 长度单位、百分比单位和色彩单位的使用。
- 掌握 CSS 的层叠性和继承性。
- 理解 CSS 的优先级，能够区分复合选择器权重的大小。
- 培养精益求精、一丝不苟的做事态度和网页设计中的 CSS 架构思想。

3.1 CSS 的定义与使用

CSS 提供了丰富的文档样式外观,以及设置文本和背景属性的能力;可以为任何元素创建边框,可以设置元素边框与其他元素间的距离,以及元素边框与元素内容间的距离;允许随意改变文本的大小写方式、修饰方式,以及其他页面效果。现在所有漂亮的网页几乎都使用了 CSS,CSS 已经成为网页设计必不可少的工具之一。

3.1.1 CSS 概述

使用 HTML 标签属性对网页进行修饰的方式存在很大的局限性与不足,如网站维护困难、不利于代码阅读等。如果希望网页美观、大方,并且升级轻松、维护方便,就需要使用 CSS 实现结构与样式的分离。

CSS 概述.mp4

CSS 以 HTML 为基础,提供了丰富的功能,如字体、颜色、背景的控制及整体排版等,并且还可以针对不同的浏览器设置不同的样式。

CSS 非常灵活,既可以嵌入 HTML 文档中,也可以作为一个单独的外部文件。如果它是独立的文件,则必须以.css 为扩展名。

如今大多数网页都是遵循 Web 标准开发的,即使用 HTML 编写网页结构和内容,而相关的版面布局、文本或图片的显示样式都使用 CSS 控制。通过更改 CSS 样式,即可轻松控制网页的表现样式。

3.1.2 CSS 的定义和引用

1. 内联样式

内联样式.mp4

内联样式就是在元素标签内使用 style 属性,style 属性的值可以包含任何 CSS 样式声明。用这种方法,可以很简单地对某个标签单独定义样式表。这个样式表只对所定义的标签起作用,并不对整个页面起作用。内联样式的语法格式如下。

```
<标签 style= "属性:属性值; 属性:属性值…">
```

【说明】内联样式由于将表现和内容混在一起,不符合 Web 标准,因此要慎用这种方法。当样式仅需要在一个元素上应用一次时,可以使用内联样式。

【例 3-1-1】使用内联样式将样式表的功能加入网页中。本例在浏览器中的显示效果如图 3-1 所示,页面文件 3-1-1.html 的关键代码如下。

```
<head>
<meta charset="utf-8" />
  <title>CSS 样式</title>
</head>
<body>
   <p style="font-size:18px; color:red">此行文字被定义为红色显示</p>
   <p>此行文字没有定义显示样式</p>
</body>
```

图 3-1　CSS 样式的应用

【说明】第 1 个段落标签被直接定义了 style 属性，此行文字将显示 18px 大小的红色文字；而第 2 个段落标签没有定义样式，将按照默认的设置显示文字样式。

2. 内部样式表

内部样式表写在 HTML 的<head>…</head>标签对内，只对所在的网页有效。内部样式表所在的 HTML 文件可以直接使用该样式。单个页面需要应用样式时，最好使用内部样式表。

内部样式表.mp4

(1) 内部样式表的格式。

内部样式的语法格式如下。

```
<style type="text/css">
选择器 1{属性 1：属性值；属性 2：属性值…}    /*注释内容*/
选择器 2{属性 1：属性值；属性 2：属性值…}
…
选择器 n{属性 1：属性值；属性 2：属性值…}
</style>
```

<style>…</style>标签对用于说明所要定义的样式。type 属性是指定 style 使用 CSS 的语法来定义。/*…*/为 CSS 的注释符号，用于注释 CSS 的设置值。

选择器可以使用 HTML 标签的名称，所有 HTML 标签都可以作为 CSS 选择器使用。

(2) 组合选择器的格式。

除了在<style>…</style>内分别定义各种选择器的样式外，如果多个选择器具有相同的样式，还可以采用组合选择器，以减少重复定义的麻烦，其语法格式如下。

```
<style type="text/css">
选择器 1，选择器 2，…，选择器 n{属性 1：属性值 1；属性 2：属性值 2…}
</style>
```

【例 3-1-2】使用内部样式表将样式表的功能加入网页中。本例在浏览器中的显示效果如图 3-1 所示，页面文件 3-1-2.html 的关键代码如下。

```
<head>
  <meta charset="utf-8" />
  <title>CSS 样式</title>
  <style text="text/css">
    .text1{font-size:18px; color:red;}
  </style>
</head>
<body>
  <p class="text1">此行文字被定义为红色显示</p>
  <p>此行文字没有定义显示样式</p>
</body>
```

【说明】第 1 个段落标签使用内部样式表中定义的.text1 类样式,此行文字将显示 18px 大小的红色文字;而第 2 个段落标签没有定义样式,将按照默认的设置显示文字。

3. 外部样式表

外部样式表.mp4

多个页面需要应用相同样式时,应该使用外部样式表。外部样式表用于管理整个 Web 页面的外观。进行 Web 开发时,首先应对整个外观定义一个 CSS 文件(扩展名为.css);当页面需要使用样式时,通过<link>标签来链接外部样式表文件。使用外部样式表可以实现改变一个文件就能改变整个站点外观的目的。

(1) 用<link>标签链接样式表文件。

<link>标签必须放到页面的<head>…</head>标签对内,其语法格式如下。

```
<head>
…
<link  rel= "stylesheet"  href="外部样式表文件名.css"  type="text/css" >
…
</head>
```

其中,<link>标签表示浏览器从"外部样式表文件名.css"文件中以文档格式读出定义的样式表;rel="stylesheet"属性定义在网页中使用外部样式表;type="text/css"属性定义文件的类型为样式表文件;href 属性用于定义.css 文件的 URL。

(2) 样式表文件的格式。

样式表文件可以用任何文本编辑器(如记事本)打开并编辑。样式表文件的扩展名为.css,其内容是定义的样式表,不包含 HTML 标签。样式表文件的语法格式如下。

```
选择器 1{属性 1:属性值 1;属性 2:属性值 2…}    /*注释内容*/
选择器 2{属性 1:属性值 1;属性 2:属性值 2…}
…
选择器 n{属性 1:属性值 1;属性 2:属性值 2…}
```

一个外部样式表文件可以应用于多个页面。在修改外部样式表时,引用它的所有外部页面也会自动更新。设计者在制作有大量相同样式页面的网站时,使用这一功能,不仅能减少重复的工作量,而且有利于以后的修改。读者浏览网站时,也能减少重复下载的代码量,加快网页的显示速度。

【例 3-1-3】使用外部样式表定义网页元素的样式。本例在浏览器中的显示效果如图 3-1 所示。

(1) 在当前项目的 css 文件夹中新建 CSS 文件 3-1-3.css,代码如下。

```
.text1{
  font-size:18px;
  color:red;
}
```

(2) 在当前项目中新建一个名为 3-1-3.html 的网页文件,代码如下。

```
<html>
<head>
```

```
<title>CSS 样式</title>
  <link rel="stylesheet" type="text/css" href="css/3-1-3.css" />
</head>
<body>
 <p class="text1">此行文字被定义为红色显示</p>
  <p>此行文字没有定义显示样式</p>
</body>
</html>
```

(3) 在浏览器中浏览该网页文件，效果如图 3-1 所示。

【说明】第 1 个段落标签使用链入外部样式表文件中定义的.text1 类样式，此行文字将显示 18px 大小的红色文字；而第 2 个段落标签没有定义样式，将按照默认的设置显示文字。

3.2　CSS 选择器

要想将 CSS 样式应用于特定的 HTML 元素，首先需要找到该目标元素。在 CSS 中，执行这一任务的样式规则部分被称为选择器。选择器决定了格式化将应用于哪些元素。

3.2.1　教学案例

【案例展示】使用链入外部样式表的方法制作企业简介局部页面，本例文件 3-2.html 在浏览器中的显示效果如图 3-2 所示。

教学案例.mp4

图 3-2　企业简介局部页面

【知识要点】常用的 CSS 选择器，在网页中引用 CSS。

【学习目标】掌握 CSS 的定义与使用方法。

3.2.2　CSS 样式规则

CSS 样式规则.mp4

　　CSS 为样式化网页内容提供了一条捷径，即样式规则，每条规则都是单独的语句。样式表的每条规则都有两个主要部分：选择器(selector)和声明(declaration)。

　　CSS 控制网页内容显示格式的方式是通过许多定义的样式属性(如字号、段落控制等)来实现的，并将多个样式属性定义为一组可供调用的选择器(selector)。其实，选择器就是某个样式的名称，称为选择器的原因是，当 HTML 文档中的某元素要使用该样式时，必须利用该名称来选择样式。用户只需要通过选择器对不同的 HIML 标签进行控制，并在选择器中定义各种样式声明，即可实现各种效果。声明由一个或多个属性值对组成。

　　样式规则的语法格式如下。

```
selector{属性:属性值[[;属性:属性值]…]}
```

　　该语法中，selector 表示希望进行格式化的元素；声明部分包含在选择器后的大括号中；用"属性:属性值"描述要应用的格式化操作。

　　例如，图 3-3 所示为一条 CSS 规则。

- 选择器：p 代表 CSS 样式的名称。
- 声明：声明包含在一对大括号"{}"内，用于告诉浏览器如何渲染页面中与选择器相匹配的对象。声明内部由属性及属性值组成，并用冒号隔开，以分号结束；声明的形式可以是一个或多个属性的组合。
- 属性：定义的具体样式(如颜色、字体等)。
- 属性值：属性值放置在属性名和冒号后面，具体内容随属性的类别而呈现不同形式，一般包括数值、单位及关键字。

图 3-3　CSS 规则

　　例如，将 HTML 中<body>和</body>标签内的所有文字字体设置为"华文中宋"、文字大小为 12px、文字为黑色、背景为白色，只需要在样式中做如下定义。

```
body
{
    font-family:"华文中宋";              /*设置字体*/
    font-size:12 px;                    /*设置文字大小为 12px*/
    color:#000;                         /*设置文字颜色为黑色*/
    background-color:#fff;              /*设置背景颜色为白色*/
}
```

从上述代码片段中可以看出，这样的结构对于阅读 CSS 代码十分清晰。为方便以后编辑，还可以在每行后面添加注释说明。为了节省空间，可以将上述代码改写为如下格式：

```
body{font-family:"华文中宋"; font-size:12 px; color:#000; background-color:#fff;}
/*定义 body 的样式为：12px 大小的黑色华文中宋字体，且背景颜色为白色*/
```

3.2.3　CSS 基础选择器

CSS 中的基础选择器有标签选择器、类选择器、id 选择器、通配符选择器、标签指定式选择器、后代选择器和并集选择器，对它们的具体解释如下。

CSS 基础选择器.mp4

1. 标签选择器

标签选择器是指用 HTML 标签名称作为选择器，按标签名称分类，为页面中的某一类标签指定统一的 CSS 样式。其基本语法格式如下。

```
标签名 {属性 1:属性值 1;属性 2:属性值 2;属性 3:属性值 3;}
```

该语法中，所有的 HTML 标签名称都可以作为标签选择器，如 body、hl、p、strong 等。用标签选择器定义的样式对页面中该类型的所有标签都生效。

例如，可以使用 p 选择器定义 HTML 页面中所有段落的样式，示例代码如下。

```
p {font-size:12px;color:#666;font-family: "微软雅黑"; }
```

上述 CSS 样式代码用于设置 HTML 页面中所有段落文本的样式，即字体大小为 12 像素、颜色为#666、字体为微软雅黑。

标签选择器最大的优点是能快速地为页面中同类型的标签统一样式，同时这也是它的缺点，即不能设计差异化的样式。

2. 类选择器

类选择器使用"."(英文点号)进行标识，后面紧跟类名，其基本语法格式如下。

```
.类名 {属性 1:属性值 1;属性 2:属性值 2;属性 3:属性值 3;}
```

该语法中，类名即 HTML 元素的 class 属性值，大多数 HTML 元素都可以定义 class 属性。类选择器最大的优势是可以为元素对象定义单独或相同的样式。

【例 3-2-1】类选择器的使用。本例在浏览器中的显示效果如图 3-4 所示，页面文件 3-2-1.html 的关键代码如下。

```html
<head>
  <title>类选择器</title>
  <style type="text/css">
    .red{color:red;}
    .font22{font-size:22px;}
  </style>
</head>
<body>
    <h2 class="red">二级标题文本：红色文字</h2>
```

```
    <p class="red">段落一：红色文字</p>
    <p class="font22">段落二：字号 22 像素</p>
    <p class="red font22">段落三：红色文字，字号 22 像素</p>
</body>
```

【说明】(1) 在图 3-4 中，"二级标题文本"和"段落一"文本内容均显示为红色，可见多个标签可以使用同一个类名，这样可以实现为不同类型的标签指定相同的样式。

(2) 一个 HTML 元素也可以应用多个 class 类，设置多个样式。在 HTML 标签中，多个类名之间需要用空格隔开。例 3-2-1 中，为第 3 个段落同时添加.red 和.font22 类选择器，即设置文本为红色文字和字号 22 像素。

(3) 类名的第一个字符不能使用数字，并且严格区分大小写，一般采用小写的英文字符。

3. id 选择器

id 选择器使用"#"进行标识，后面紧跟 id 名，其基本语法格式如下。

```
#id 名 {属性 1:属性值 1;属性 2:属性值 2;属性 3:属性值 3;}
```

该语法中，id 名即 HTML 元素的 id 属性值。大多数 HTML 元素都可以定义 id 属性。元素的 id 值是唯一的，只能对应于文档中某个具体的元素。

【例 3-2-2】 id 选择器的使用。本例在浏览器中的显示效果如图 3-5 所示，页面文件3-2-2.html 的关键代码如下。

```
<head>
  <title>id 选择器</title>
 <style type="text/css">
  #bold {font-weight:bold;  /*设置文本的粗细为粗体*/      }
  #font22 {font-size:22px;}
 </style>
</head>
<body>
    <p id="bold">段落 1：id="bold"，设置粗体文字。</p>
        <p id="font22">段落 2：id="font22"，设置字号为 22px。</p>
        <p id="bold font22">段落 3：没有应用 id 样式。</p>
</body>
```

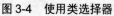

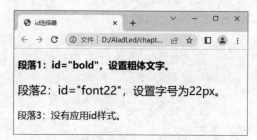

图 3-4　使用类选择器	图 3-5　使用 id 选择器

【说明】(1) 在例 3-2-2 中，定义了两个 id 属性，并通过相应的 id 选择器设置粗体文

字和字号大小。

(2) 从图 3-5 容易看出，最后一行没有应用任何 id 样式，这意味着 id 选择器不能像类选择器那样定义多个值，类似"id="bold font22""的写法是完全错误的。

(3) 原则上，一个 id 选择器只能应用于一个元素的标签，但在很多浏览器中，同一个 id 也可以应用于多个标签，此时浏览器并不会报错。但这种做法是不允许的，因为 JavaScript 等脚本语言调用 id 时会出错。

4. 通配符选择器

通配符选择器用"*"号表示，它是所有选择器中作用范围最广的，能匹配页面中所有的元素。其基本语法格式如下。

```
*{属性1:属性值1;属性2:属性值2;属性3:属性值3;}
```

例如，下面的代码使用通配符选择器定义 CSS 样式，清除所有 HTML 标签的默认边距。

```
*{
margin:0;          /*定义外边距为0*/
padding:0;         /*定义内边距为0*/
}
```

但在实际网页开发中不建议使用通配符选择器，因为用它设置的样式对所有的 HTML 标签都生效，不管标签是否需要该样式，这样反而降低了代码的执行速度。

5. 标签指定式选择器

标签指定式选择器又称交集选择器，由两个选择器构成，其中第一个为标签选择器，第二个为 class 选择器或 id 选择器，两个选择器之间不能有空格，如 h3.special。

【例 3-2-3】标签指定式选择器的使用。本例在浏览器中的显示效果如图 3-6 所示，页面文件 3-2-3.html 的关键代码如下。

```
<head>
 <title>标签指定式选择器的应用</title>
 <style type="text/css">
   p{ color:blue; }
   p.special{     /*标签指定式选择器*/
      text-decoration: underline;  /*添加下划线*/
   }
 </style>
</head>
<body>
   <p>普通段落文本，应用标签样式(蓝色)</p>
   <p class="special">应用了.special 类样式的段落文本(蓝色、加下划线)</p>
   <h3 class="special">没有受.special 类样式影响的文本</h3>
</body>
```

【说明】(1) 在例 3-2-3 中，分别定义了<p>标签的样式和 p.special 标签指定式样式。

(2) 从图 3-6 容易看出，只有第二段文本添加了下划线，第三段文本没有添加下划线。可见，标签选择器 p.special 定义的样式仅仅适用于<p class="special">标签，而不会影响使用了.special 类的其他标签。

6. 后代选择器

后代选择器用来选择元素或元素组的后代，其写法就是把外层标签写在前面，把内层标签写在后面，中间用空格分隔。当标签发生嵌套时，内层标签就称为外层标签的后代。

例如，当<p>标签内嵌套<strong>标签时，就可以使用后代选择器对其中的<strong>标签进行控制。

【例 3-2-4】后代选择器的使用。本例在浏览器中的显示效果如图 3-7 所示，页面文件 3-2-4.html 的关键代码如下。

```
<head>
    <meta charset="utf-8">
    <title>后代选择器</title>
    <style type="text/css">
        p strong{          /*后代选择器*/
            text-decoration:underline;    /*文本添加修饰--加下划线*/
            color:red;
        }
    </style>
</head>
<body>
    <p>段落文本<strong>嵌套在段落中，使用 strong 标签定义的文本(红色，加下划线)。
</strong></p>
    <strong>没有嵌套在段落中，由 strong 标签定义的文本(样式不受影响)。</strong>
</body>
```

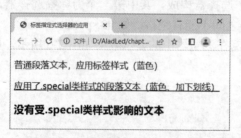

图 3-6　标签指定式选择器的应用　　　　图 3-7　后代选择器的应用

【说明】(1) 在例 3-2-4 中，定义了两个<strong>标签，并将第一个<strong>标签嵌套在<p>标签中，然后设置了 p strong 样式。

(2) 由图 3-7 容易看出，后代选择器 p strong 定义的样式仅仅适用于嵌套在<p>标签中的<strong>标签，其他的<strong>标签不受影响。

(3) 后代选择器不限于使用两个元素，如果需要加入更多的元素，只需要在元素之间加上空格即可。在例 3-2-4 中，如果<strong>标签中还嵌套一个<em>标签，要想控制这个<em>标签，即可使用 p strong em 选中它。

7. 并集选择器

并集选择器是用各个选择器通过逗号连接而成的，任何形式的选择器(包括标签选择器、类选择器及 id 选择器等)都可以作为并集选择器的一部分。如果某些选择器定义的样式完全相同或部分相同，就可以利用并集选择器为它们定义相同的 CSS 样式。

例如，在页面中有两个标题和三个段落，它们的字号和颜色相同。其中一个标题和两个段落文本有下划线效果，这时就可以使用并集选择器定义 CSS 样式。

【例 3-2-5】并集选择器的使用。本例在浏览器中的显示效果如图 3-8 所示，页面文件 3-2-5.html 的关键代码如下。

```html
<head>
  <meta charset="utf-8">
  <title>并集选择器</title>
  <style type="text/css">
    /*不同标签组成的并集选择器*/
    h2,h3,p{color:red; font-size:14px;  }
    /*标签、类、id组成的并集选择器*/
    h3,.special,#one {text-decoration:underline;  }
  </style>
</head>
<body>
  <h2>二级标题文本。</h2>
  <h3>三级标题文本，加下划线。</h2>
  <p class="special">段落文本 1，加下划线。</p>
  <p>段落文本 2，普通文本。</p>
  <p id="one">段落文本 3，加下划线。</p>
</body>
```

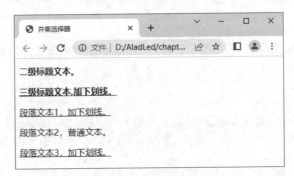

图 3-8　并集选择器的应用

【说明】(1) 在例 3-2-5 中，首先使用由不同标签通过逗号连接而成的并集选择器 h2、h3 和 p 控制所有标题和段落的字号和颜色；然后使用由标签、类、id 通过逗号连接而成的并集选择器 h3、.special 和#one，定义某些文本的下划线效果。

(2) 由图 3-8 容易看出，使用并集选择器定义样式与对各个基础选择器单独定义样式的效果完全相同，同时以这种方式书写的 CSS 代码更简洁、直观。

3.2.4　案例——制作企业简介页面

1. 建立目录结构

在"案例"文件夹下创建 3 个文件夹 img、css 和 font，分别用于存放图像素材、外部样式表文件和字体文件。

案例制作-企业
简介页面.mp4

2. 准备素材

将本页面需要使用的图像素材和字体文件分别存放在文件夹 img 和 font 下。

3. 网页结构文件

在当前项目中新建一个名为 3-2.html 的网页文件,代码如下。

```html
<html>
  <head>
    <meta charset="utf-8">
<title>企业简介</title>
    <link href="css/3-2.css" type="text/css" rel="stylesheet">
  </head>
  <body>
    <div class="about">
        <img src="img/house.jpg"/>
        <p>公司成立于 2008 年,是一家专业照明亮化工程公司,......</p>
        <p>公司现有员工中专及以上学历的占 66.9%,中级工程师......</p>
        <p>公司在员工的不懈努力和社会各界的支持下,经过 15 年......</p>
        <p>公司员工积极学习党的二十大精神,自信自强,守正创新......</P>
</div>
</body>
</html>
```

4. 外部样式表

在当前项目的 css 文件夹下新建一个名为 3-2.css 的样式表文件,代码如下。

```css
.about{
 width:780px;
 height: auto;
 margin: 20px 0 20px 20px;
}
.about img{
 width:780px;
}
.about p{
   font-family:Tahoma;
   color:#444;
   font-size:13px;
   line-height:24px;
   text-indent:2em ;  /*首行缩进两个汉字*/
 margin:5px;
}
```

5. 浏览网页

在浏览器中浏览制作完成的页面,效果如图 3-2 所示。

3.3　CSS 属性单位

在 CSS 中设置文字、布局排版和边界时，常常会在属性值后加上长度单位或百分比单位，本节将介绍长度和百分比两种单位的使用。

3.3.1　长度与百分比单位

使用 CSS 进行排版时，常常会在属性值后面加上长度或百分比单位。

长度与百分比
单位.mp4

1. 长度单位

长度单位有相对长度单位和绝对长度单位两种类型。

(1) 相对长度单位是指以该属性前一个属性的单位值为基础来完成当前的设置。

(2) 绝对长度单位将不会随着显示设备的不同而改变。换句话说，属性值使用绝对长度单位时，不论在哪种设备上，显示效果都是一样的，如屏幕上的 1cm 与打印机上的 1cm 是一样长的。

由于相对长度单位确定的是相对于另一个长度属性的长度，因而它能更好地适应不同的媒体，因此应首选它。一个长度的值由可选的正号"+"或负号"-"、一个数字、表示单位的两个字母组成。

长度单位如表 3-1 所示。当使用 pt 作为单位时，字体的大小不同，显示效果也会不同。

表 3-1　长度单位

单　　位	描　　述
in	英寸(inch)，1in=72pt
cm	厘米
mm	毫米
em	相当于当前对象内大写字母 M 的宽度，2em 则等于当前字体尺寸的两倍
ex	相当于当前对象内小写字母 x 的宽度
pt	磅(pt)，1 磅等于 1/72 英寸
pc	派卡(pica)，1 派卡=12 磅
px	像素(pixel)，相当于计算机屏幕上的一个点

2. 百分比单位

百分比单位也是一种常用的相对长度类型。百分比值总是相对于另一个值来说的，该值可以是长度单位或其他单位。在大多数情况下，这个参照值是该元素本身的字体尺寸。

一个百分比值由可选的正号"+"或负号"-"、一个数字、百分号"%"组成；如果百分比值是正值，正号可以不写；正负号、数字与百分号之间不能有空格。例如：

```
p{line-height:200%; }        /*本段文字的高度为标准行高的两倍*/
hr{width:80%; }              /*水平线长度是浏览器窗口的80%*/
```

注意，不论使用哪种单位，在设置时，数值与单位之间不能加空格。另外，并非所有属性都支持百分比单位。

3.3.2　色彩单位

在 HTML 中只提供了两种设置色彩的方法：十六进制数和色彩英文名称。CSS 则提供了 3 种定义色彩的方法：十六进制数、色彩英文名称和 rgb 函数。

色彩单位.mp4

1. 用十六进制数表示色彩值

在计算机中，每种色彩的强度范围为 0~255。当所有色彩的强度都为 0 时，将产生黑色；当所有色彩的强度都为 255 时，将产生白色。

在 HTML 中，使用十六进制数指定色彩时，前面需要一个 "#" 号，再加上 6 个十六进制数，即表示方法为#RRGGBB。其中，前两个数字代表红光(Red)强度，中间两个数字代表绿光(Green) 强度，后两个数字代表蓝光(Blue)强度。以上 3 个参数的取值范围为 00~ff。比如红色、绿色、蓝色、黑色、白色的十六进制颜色值分别为#ff0000、#00ff00、#0000ff、#000000、#ffffff。例如，定义 p 元素中文本颜色为红色的代码如下。

```
p{color:#ff0000;}
```

如果十六进制数色彩值中各自两位上的数字都相同，也可缩写为#RGB 的形式，如#cc9900 可以缩写为#c90。

2. 用色彩名称方式表示色彩值

CSS 中提供了与 HTML 一样的用色彩的英文名称来表示色彩的方式，例如下面的示例代码。

```
p{color:red;}
```

3. 用 rgb 函数表示色彩值

在 CSS 中，可以用 rgb 函数设置所需要的色彩，其语法格式如下。

```
rgb(R,G,B)
```

或

```
rgb(R,G,B,A)
```

其中，R 为红色值，G 为绿色值，B 为蓝色值，这 3 个参数可取正整数值或百分比值，正整数值的取值范围为 0~255，百分比值的取值范围为色彩强度的百分比 0%~100.0%；A(Alpha)为透明度，数值范围为 0.0(完全透明)到 1.0(完全不透明)，默认值为 1.0(完全不透明)。例如下面的示例代码。

```
p{color: rgb(250,0,0) ;}            /*设置红色文本.*/
p{color: rgb(0%,100%,0%); }         /*设置绿色文本.*/
p{color: rgba(255, 255, 255, 0.5);  }  /*设置50%透明度的白色.*/
```

3.4　CSS 高级特性

3.4.1　教学案例

【案例展示】制作工程案例的局部页面，本例文件 3-4.html 在浏览器中的显示效果如图 3-9 所示。

案例分析.mp4

图 3-9　工程案例的局部页面

【知识要点】CSS 的层叠性、继承性及优先级。

【学习目标】灵活使用 CSS 的高级特性设置元素的样式。

3.4.2　CSS 的层叠性和继承性

CSS 是层叠式样式表的简称，层叠性和继承性是其基本特征。对于网页设计师来说，应深刻理解和灵活使用这两个概念。

CSS 的层叠性
和继承性.mp4

1. 层叠性

层叠(cascade)是指 CSS 能够对同一个元素应用多个样式表的能力。

当一个元素同时应用多个样式表时，多个 CSS 样式会叠加起作用。

【例 3-4-1】样式表的层叠。本例在浏览器中的显示效果如图 3-10 所示，项目中新建页面文件 3-4-1.html 的关键代码如下。

```
<head>
  <meta charset="utf-8">
  <title>多重样式表的层叠</title>
  <style type="text/css">
    p{
        text-align: right;          /*设置文本右对齐*/
        font-size: 16px;
        color:blue;
    }
```

```
        .tt{
            text-align: left;              /*设置文本左对齐*/
            text-decoration:underline;     /*文本增加下划线*/
        }
    </style>
</head>
<body>
    <p class="tt">文字色彩为蓝色，大小为16px，向左对齐</p>
    <p>文字色彩为蓝色，大小为16px，向右对齐</p>
</body>
```

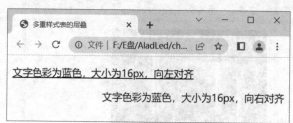

图 3-10　多重样式的叠加效果

【说明】从图 3-10 可以看出，第一段文本应用了标签选择器 p 和类选择器的叠加样式，显示效果为文字色彩为蓝色，大小为 16px，向左对齐，加下划线。因为类选择器的优先级高于标签选择器，所以"text-align"样式冲突时，应用了类选择器的"text-align: left;"属性。元素应用多个选择器时，对于不冲突的样式，会同时对元素起作用。

2. 继承性

CSS 的主要特征就是继承(Inheritance)，它依赖于祖先-子孙关系，这种特性允许样式不仅应用于某个特定的元素，同时也应用于其后代，而后代定义的新样式却不会影响父辈的样式。

根据 CSS 规则，子元素将继承父元素的属性，例如：

```
body{font-family:"微软雅黑";}
```

通过继承，body 元素的所有子元素都应该显示为"微软雅黑"字体，子元素的子元素也一样。

【例 3-4-2】CSS 继承示例。本例在浏览器中的显示效果如图 3-11 所示，页面文件 3-4-2.html 的关键代码如下。

图 3-11　CSS 继承的浏览效果

```
<head>
  <title>CSS 继承示例</title>
  <style type="text/css">
    p {
      color:#00f;                    /*定义文字颜色为蓝色*/
      text-decoration:underline;     /*增加下划线*/
    }
    p em{                            /*为 p 元素中的 em 子元素定义样式*/
      font-size:24px;                /*定义文字大小为 24px*/
      color:#f00;                    /*定义文字颜色为红色*/
    }
  </style>
</head>
<body>
  <h1>初识 CSS</h1>
  <p>CSS 是一组格式设置规则，能更好地控制<em>Web</em>页面布局。</p>
</body>
```

【说明】(1) 从图 3-11 可以看出，虽然 em 子元素重新定义了新样式，但其父元素 p 并未受到影响，而且 em 子元素中的内容还继承了 p 元素中设置的下划线样式，只是颜色和字体大小采用自己的样式风格。

(2) 需要注意的是，不是所有属性都具有继承性。CSS 强制规定下面这些属性不具有继承性：边框、外边距、内边距、背景、定位、布局、元素高度和宽度。

3.4.3　CSS 的优先级

当网页中的元素应用多个样式选择器时，浏览器会根据样式表的优

CSS 的优先级.mp4

先级和层叠性决定采用哪个样式呈现内容，一般原则是：最接近目标的样式优先级最高。根据规定，样式表的优先级别从高到低为：内联样式表，内部样式表，链接样式表，默认浏览器样式表。浏览器将按照上述顺序执行样式表的规则，高优先级样式会被优先采用。

根据规范，通配符选择器具有权重 0，标签选择器(例如 p)具有权重 1，类选择器具有权重 10，id 选择器具有权重 100，内联样式(style="")具有权重 1000。选择器的权重越大，规则的相对权重就越大，样式越会被优先采用。

另外，拥有!important 的样式，具有最高的优先级。

定义 CSS 样式时，经常出现两个或更多个规则应用在同一元素上的情况，这时就会出现优先级的问题。当多个规则应用到同一个元素时，权重越大的样式越会被优先采用。

【例 3-4-3】CSS 优先级示例。本例在浏览器中的显示效果如图 3-12 所示，页面文件 3-4-3.html 的关键代码如下。

```
<head>
  <title>CSS 优先级示例</title>
  <style type="text/css">
    .color_red{color:red;}
```

```
    p{color:blue;}
  </style>
</head>
<body>
  <p class="color_red">这里的文字颜色是红色</p>
</body>
```

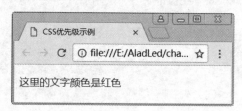

图 3-12　CSS 优先级示例效果

【说明】(1) 如上述代码所示，预定义的<p>标签样式和.color_red 类样式都能匹配上面的 p 元素，那么<p>标签中的文字该使用哪一种样式呢？

(2) 根据规范，类选择器的权重为 10，标签选择器的权重为 1，显然.color_red 的权重要比 p 的权重大，因此<p>标签中文字的颜色是红色的。

3.4.4　案例——制作工程案例局部页面

案例-制作工程案例
局部页面.mp4

1. 准备素材

将本页面需要使用的图像素材放在文件夹 img 下。

2. 网页结构文件

在当前项目中新建一个名为 3-4.html 的网页文件，关键代码如下。

```
<head>
  <link href="css/3-4.css" rel="stylesheet" type="text/css">
  <title>工程案例1</title>
</head>
<body>
  <div class="works"/>
    <img src="img/works_1.jpg"/>
    <p class="works_name">城市公园草坪景观灯亮化工程</p>
    <p class="info">竣工时间 <span class="date">2021-03-21</span> 
 投资  <span class="num">¥8.73 万</span></p>
  </div>
</body>
```

3. 外部样式表

在当前项目的 css 文件夹下新建一个名为 3-4.css 的样式表文件，代码如下。

```
body{
  font-family: "微软雅黑";           /*字体为"微软雅黑"*/
  font-size:13px;                    /*文字大小为 13px*/
```

```
    color:#333;                          /*文字颜色为灰色*/
    }
.works{
    width:250px;
    border:1px solid #D6D6D6;            /*设置边框粗 1px，实线，灰色*/
    padding:3px;                          /*设置内边距*/
    }
.works  img{
    width:249px;
    height:190px;
    }
.works_name{                             /*项目名称样式*/
    font-weight:600;                     /*字体粗细为 600*/
    }
.works_name,.info{                       /*项目名称和项目信息的共同样式*/
    line-height:23px;                    /*行间距 23px*/
    margin:0;                            /*设置外边距*/
    }
.info{ color: #777777;  }
.info  .date{
    color: #00AADD;                      /*文字颜色为亮蓝色*/
    }
.info  .num{
    color:#FF0000;                       /*文字颜色为红色*/
    }
```

4. 浏览网页

在浏览器中浏览制作完成的页面，效果如图 3-9 所示。

【案例说明】(1) 以上代码中，对.works_name 和.info 用并集选择器定义相同的 CSS 样式定义。

(2) 定义后代选择器.works img，该样式只影响应用了.works 样式的元素中的<img> 标签。

(3) 本案例中多处使用了 CSS 继承的方法来设置元素的样式，例如.info.date 和.info.num，利用这种继承关系，可以大大减少代码的编写。

3.5 实 践 训 练

实践实训.mp4

【实训任务】制作 LED 射灯详细信息局部页面，本例文件 3-5.html 在 浏览器中的显示效果如图 3-13 所示。

【知识要点】链入外部样式表、CSS 基础选择器及文档结构。

【实训目标】掌握 CSS 的定义、文档结构的相关知识。

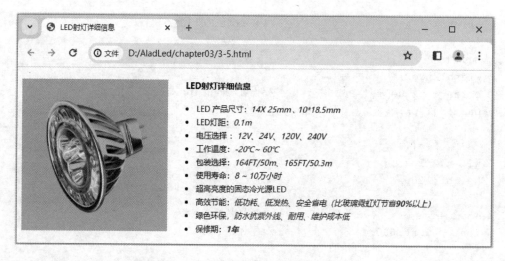

图 3-13　LED 射灯详细信息局部页面

3.5.1　任务分析

1. 页面结构分析

LED 射灯详细信息局部页面由 LED 射灯图片和 LED 射灯详细信息构成，其中 LED 射灯详细信息由标题和无序列表组成。

2. 样式分析

(1) 页面中的图片靠左显示，文本在图片右侧显示，可以设置图片向左浮动实现。

(2) LED 射灯详细信息中，无序列表的项目符号和标题左侧对齐显示，需要设置无序列表的列表修饰符(项目符号)在文本以内显示。

3.5.2　任务实现

根据上面的分析，创建网页文件和外部样式文件，完成 LED 射灯详细信息局部页面的设计。

1. 创建页面文件

(1) 准备素材，把图片资料存入当前项目的 img 文件夹中。

(2) 在当前项目中新建网页结构文件 3-5.html，关键代码如下。

```html
<head>
  <link href="css/3-5.css" rel="stylesheet" type="text/css">
  <title>LED 射灯详细信息</title>
</head>
<body>
<div class="led_sd_details">
    <img src="img/led_sd1.jpg" />
    <h4>LED 射灯详细信息</h4>
    <ul>
        <li>LED 产品尺寸：<i>14×25mm、10*18.5mm</i></li>
```

```
            <li>LED 灯距：<i>0.1m </i></li>
            <li>电压选择：<i>12V、24V、120V、240V</i></li>
            <li>工作温度：<i>-20℃~ 60℃</i></li>
            <li>包装选择：<i>164FT/50m、165FT/50.3m</i></li>
            <li>使用寿命：<i>8 ～ 10 万小时</i></li>
            <li>超高亮度的固态冷光源 LED</li>
                <li>高效节能：<i>低功耗、低发热、安全省电(比玻璃霓虹灯节省<span class=
"number" > 90%</span>以上)</i></li>
            <li>绿色环保，<i>防水抗紫外线、耐用、维护成本低</i></li>
            <li>保修期：<i><span class="number">1 年</span></i></li>
        </ul>
    </div>
</body>
```

2. 创建 CSS 样式文件

创建外部样式表文件。在当前项目的 css 文件夹下新建 3-5.css 样式表文件，代码如下。

```
/*LED 射灯产品 p 详细信息页面部分样式*/
body{
    font-family: "微软雅黑";
    font-size: 13px;
    }
.led_sd_details{
    width:825px;
    height: auto;        /*根据块内内容自动调节高度*/
}
/*定义图片的 CSS 样式*/
.led_sd_details img{
    width:250px;
    height:250px;
    float: left;                    /*靠左浮动，图片靠左显示*/
    margin-right:30px;              /*右外边距 30px*/
}
/*射灯详细信息中标题的样式*/
.led_sd_details h4{
    font-size: 14px;
    font-weight:600 ;               /*字体粗细为 600*/
}
/*射灯详细信息中无序列表的样式*/

.led_sd_details ul{
    list-style-position: inside;    /*将列表修饰符定义在列表之内*/
}
.led_sd_details ul li{
    line-height: 22px;              /*行间距 22px*/
```

```
    }
.led_sd_details .number{
    color: red;
    font-weight:900 ;
    }
```

3. 浏览网页

在浏览器中浏览制作完成的页面，效果如图 3-13 所示。

【实训说明】(1) 本例使用了 CSS 样式规则、选择器、CSS 文本相关样式及高级特性。body 标签定义的样式对页面所有文本有效。

(2) 对无序列表定义 CSS 样式属性"list-style-position: inside;"，将列表修饰符放置在列表文本以内，和标题左侧对齐。

3.6 拓 展 知 识

Web 框架——Bootstrap 介绍。

CSS 入门拓展知识.docx

拓展知识.mp4

3.7 本 章 小 结

本章首先介绍了 CSS 的定义与使用、CSS 样式规则、引入方式及 CSS 基础选择器，然后讲解了 CSS 属性单位，以及 CSS 的层叠性、继承性和优先级，最后通过 CSS 修饰文本方式制作了一个常见的 LED 射灯详细信息页面。

通过本章的学习，读者应该对 CSS 有了一定的了解，能够充分理解 CSS 实现的结构与表现的分离以及 CSS 样式的优先级规则，可以熟练地使用 CSS 控制页面中的字体和文本外观样式。

3.8 练 习 题

一、选择题(请扫右侧二维码获取)

二、综合训练题

选择题.docx

1. 利用 CSS 的层叠性、继承性及优先级等知识，分析图 3-14 中的代码，说明页面上每行文字是什么颜色。

```
<!DOCTYPE html>
<html>
    <head>
        <meta http-equiv="Content-Type" content="text/html; charset=utf-8" />
        <title>习题3-1</title>
        <style type="text/css">
            p { color:red;}
            p.myClass { color:black;}
            .myClass {  color:yellow;}
            #myClass {  color:green;}
        </style>
    </head>
    <body>
        <p>你知道我是什么颜色么？</p>
        <p class="myClass">你知道我是什么颜色么？</p>
        <p class="myClass" id="myClass">你知道我是什么颜色么？</p>
        <p style="color:blue;" class="myClass" id="myClass">你知道我是什么颜色么？</p>
    </body>
</html>
```

图 3-14　练习题 1 代码

2. 编写 CSS 规则，使得同一文档能够显示不同风格的页面。例如，图 3-15 所示的页面是没有使用 CSS 美化的文档，图 3-16 所示的页面是通过 CSS 美化后的文档。

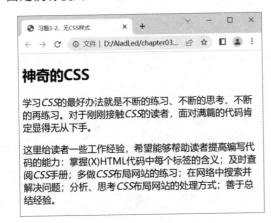

图 3-15　练习题 2 图(无 CSS 样式效果)　　　图 3-16　练习题 2 图(应用 CSS 样式后的效果)

3. 定义 CSS，使用后代选择器与并集选择器制作如图 3-17 所示的页面。

4. 定义 CSS，制作如图 3-18 所示的页面。

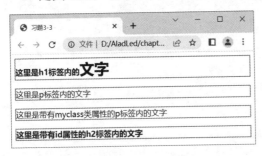

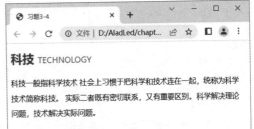

图 3-17　练习题 3 效果图　　　　　　图 3-18　练习题 4 效果图

第 4 章

元素外观修饰

本章要点

    网页设计中的各种元素包括文本、图像、列表和表格等，可以用 CSS 样式对它们进行设置以美化页面。本章将具体介绍页面上各种元素的样式属性及其设置方法。

学习目标

- 掌握文本样式各个属性的意义及其设置方法。
- 掌握图像样式各个属性的意义及其设置方法。
- 掌握列表样式的定义方法。
- 掌握表格样式的设置方法。
- 培养仔细认真的工作态度和规范的编码风格。

4.1 文本样式

4.1.1 教学案例

教学案例.mp4

【案例展示】企业文化页面的设计。

使用文本样式、文本外观样式定义企业文化页面的样式，本例文件 4-1.html 在浏览器中的显示效果如图 4-1 所示。

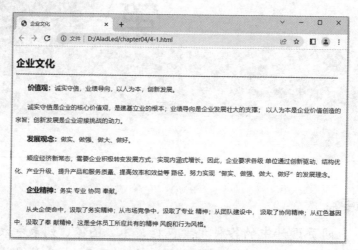

图 4-1 企业文化页面

【知识要点】字体类型、大小、粗细、颜色、修饰、对齐方式、缩进、行间距、文本阴影设置，空白符处理、溢出文本处理等。

【学习目标】掌握 CSS 文本修饰的常用属性的作用并灵活应用。

4.1.2 字体样式

在进行网页设计时，通常需要选择合适的字体、字号等文本样式。为了方便控制页面中文本的样式，CSS 提供了一组字体样式属性。

文本样式.mp4

1. font-family(设置字体)

font-family 属性用于设置字体，其语法格式如下。

```
font-family : name
```

其中，name 是字体名称，可以指定多个字体，中间用逗号隔开。如果浏览器不支持前一种字体，就用下一个字体。默认为宋体。

【说明】中文字体名称和字体名中有特殊符号的英文字体名称需要加引号。既有中文字体又有英文字体时，英文字体必须位于中文字体前。

示例代码如下。

```
p{font-family: Arial,"Times New Roman","宋体","微软雅黑";}
```

2. font-size(设置字体大小)

font-size 属性用于设置字体大小，其语法格式如下。

```
font-size : xx-small | x-small | small | medium | large | x-large | xx-large |
larger | smaller | length | %
```

其中，xx-small 指最小；x-small 指较小；small 指小；medium 指正常；large 指大；x-large 指较大；xx-large 指最大；larger 指相对父对象中字体的尺寸进行相对增大；smaller 指相对父对象中字体的尺寸进行相对减小；length 指字体长度值，常用单位为 px；%指取值基于父对象中字体的尺寸。

示例介绍如下。

```
p{font-family:Arial; font-size:14px;}
```

3. font-weight(设置字体粗细)

font-weight 属性用于设置字体粗细，其语法格式如下。

```
font-weight : normal | bold | bolder | lighter | <integer>
```

参数介绍如下。

- normal：正常的字体，相当于数值 400(默认值)。
- bold：粗体，相当于数值 700。
- bolder：定义比继承值更重的值。
- lighter：定义比继承值更轻的值。
- <integer>：用数字表示文本字体粗细，取值范围为 100、200、300、400、500、600、700、800、900，数字越小字体越细、数字越大字体越粗。

示例代码如下。

```
p{ font-family:Arial, "宋体"; color:#333333; font-weight : bold;}
```

4. font-style(设置字体风格)

font-style 属性用于设置字体风格，其语法格式如下。

```
font-style : normal | italic | oblique
```

参数介绍如下。

- normal：指定文本字体样式为正常字体(默认值)。
- italic：指定文本字体样式为斜体(对于没有斜体变量的特殊字体，将应用 oblique)。
- oblique：指定文本字体样式为斜体。

示例代码如下。

```
p{font-family : Arial, "宋体"; color : blue; font-style : italic;}
```

【例 4-1-1】字体样式设置。本例的浏览效果如图 4-2 所示，页面文件 4-1-1.html 的关键代码如下。

```
<head>
  <meta charset="utf-8">
```

```
    <title>字体设置</title>
    <style>
      h4{
        font-family: "Times New Roman" , "微软雅黑" ;
        font-size:20px;
      }
      p{
        font-family: "Times New Roman" , "微软雅黑";
        font-size:15px;
        font-weight:500;
        font-style: italic;
      }
    </style>
  </head>
  <body>
    <h4>合作项目</h4>
    <p>开展新款<span>洗墙灯、LED 点光源、LED 投光灯、LED 路灯头</span>等户外灯具批发和
灯饰招商加盟项目。</p>
  </body>
```

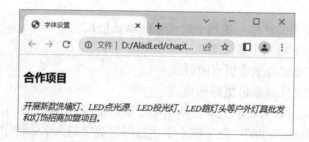

图 4-2　设置字体样式

5. font(综合设置字体样式)

font 属性用于对字体样式进行综合设置,其语法格式如下。

```
font : font-style font-weight font- size font-family
```

【说明】使用 font 属性时,必须按上面语法格式中的顺序书写,各属性以空格隔开。

【例 4-1-2】字体样式设置。用 font 属性对字体样式进行综合设置,修改例 4-1-1 中 p
元素的 CSS 样式如下,显示效果如图 4-2 所示。

```
p{font: italic 500 15px "Times New Roman" ,"微软雅黑";}
```

4.1.3　文本外观属性

1. color(定义文本的颜色)

color 属性用于定义文本的颜色,其语法格式如下。

文本外观属性.mp4

```
color:预定义的颜色值 | 十六进制数 | rgb 函数
```

color 属性用于指定文本的颜色,可使用预定义的颜色值(如 red、green、blue 等)、十

六进制数#RRGGBB 或 rgb 函数 rgb(r,g,b)。

示例代码如下。

```
p{font-family: Arial, "黑体"; color:#333333;}
```

2. text-decoration(定义字体修饰方式)

text-decoration 属性用于定义字体修饰方式，其语法格式如下。

```
text-decoration: underline | overline | line-through | none
```

参数介绍如下。

- underline：文本加下划线。
- overline：文本加上划线。
- line-through：文本加删除线。
- none：标准文本，无修饰。

示例代码如下。

```
a{ text-decoration:none;}              /*定义超链接无修饰，即去掉下划线*/
h2{ text-decoration:underline;}        /*定义 h2 加下划线*/
```

3. text-align(设置文本对齐方式)

text-align 属性用于设置文本对齐方式，其语法格式如下。

```
text-align: center | left | right | justify
```

参数介绍如下。

- center：文本居中对齐。
- left：文本左对齐。
- right：文本右对齐。
- justify：文本两端对齐。

示例代码如下。

```
h3{text-align:center;}
```

4. line-height(设置行间距)

行间距就是行与行之间的垂直间距，一般称为行高，在 CSS 样式中用 line-height 设置，其语法格式如下。

```
line-height : normal | length | number | %
```

参数介绍如下。

- normal：设置默认行高。
- length：设置固定的行间距值，常用单位为 px，可以取负值。
- number：设置数字，常用单位为 em。
- %：基于当前字体高度的百分比，可以取负值。

示例代码如下。

```
p{line-height:28px; font-size:16px; }    /*行高为28px，文本为16px，文本行上下个
6px的空白*/
```

line-height 与 font-size 的计算值之差分为两半，分别加到一个文本行内容的顶部和底部。对块级元素，通过设置行高值，可以实现内容在行内垂直居中。

【例 4-1-3】通过设置行高实现内容垂直居中显示。本例的显示效果如图 4-3 所示，页面文件 4-1-3.html 的关键代码如下。

```html
<head>
  <title>行高和对齐方式设置</title>
    <style>
          p{
              width:450px;
              height:50px;
              border:1px solid #000000;
          }
          .align{text-align:right; }
          .hg1{line-height: 50px; }
    </style>
</head>
<body>
    <p>本段落文本高度50px,没有设行高</p>
    <p class="align">本段落文本高度50px,没有设行高,文本右对齐</p>
    <p  class="hg1">本段落文本高度50px,设行高50px</p>
</body>
```

【说明】p 为块级元素，区块的高度为 50px，在 CSS 样式中设置 p 的行间距为 50px，内容在 50px 的块内垂直居中显示，参见图 4-3 中第三行的显示效果。

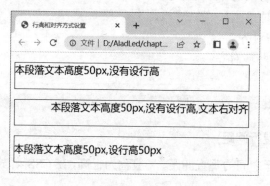

图 4-3　设置行高实现垂直居中

5. text-indent(设置首行缩进)

text-indent 属性用于设置首行缩进，其语法格式如下。

```
text-indent : length | %
```

参数介绍如下。

- length：固定的缩进值，常用单位为 em，默认值为 0。
- %：基于父元素宽度的百分比加以缩进。

示例代码如下。

```
p{ font-size:16px; text-indent:2em;}  /*首行缩进两个汉字，即 32px*/
```

6. text-shadow(文本阴影)

text-shadow 属性用于设置文本阴影，其语法格式如下。

```
text-shadow : h-shadow v-shadow blur color
```

参数介绍如下。

- h-shadow：水平阴影的位置，可以取负值。
- v-shadow：垂直阴影的位置，可以取负值。
- blur：模糊的距离。
- color：阴影的颜色。

【说明】h-shadow 取正值时，水平向右投影；取负值时，水平向左投影。v-shadow 取正值时，垂直向下投影；取负值时，垂直向上投影。二者不能省略。

【例 4-1-4】文本阴影效果。本例文件 4-1-4.html 的显示效果如图 4-4 所示。

图 4-4　文本阴影效果

HTML 页面代码如下。

```
<body>
    <p class="f1">        好好学习        </p>
    <p class="f2">        好好学习        </p>
</body>
```

用投影实现空心字效果的 CSS 样式代码如下。

```
.f1{
  font-family: "微软雅黑";
  font-size:60px;
  color:#EEE;  /*文本颜色*/
  text-shadow:2px 2px 1px #222,-2px -2px 1px #222,2px -2px 1px #222,-2px 2px
1px #222;  /*四重投影，分别是右下、左上、右上、左下四个方向的投影*/
  }
```

文字阴影的 CSS 样式代码如下。

```
.f2{
  font-family: "微软雅黑";
  font-size:60px;
  color:#222;
  text-shadow:5px 3px 1px #555;  /*水平向右5px；垂直向下3px；模糊1px；浅黑色投影*/
}
```

7. white-space(设置空白符的处理方式)

white-space 属性用于设置空白符的处理方式，其语法格式如下。

```
white-space :normal | pre | nowrap
```

参数介绍如下。

- normal：文本中的空格和空行无效，被浏览器忽略(默认)。
- pre：预格式化，保留空格和空行，按文档的书写格式原样显示。
- nowrap：强制文本不能换行，文本会在同一行上显示，直到遇到
标签为止。内容超出盒子边界也不能换行，当超出浏览器时自动加滚动条。

【例 4-1-5】设置页面的程序代码按原样显示。本例在浏览器中的显示效果如图 4-5 所示，页面文件 4-1-5.html 的关键代码如下。

```
<head>
  <title>程序代码显示</title>
  <style>
    p{   width:380px;
         border:1px solid #222222;
         white-space:pre;                /*文本预格式化显示*/
    }
  </style>
</head>
<body>
 <p>
main()
{
    int i,s=0;
    for(i=1;i<=100;i++)
      {
        s=s+i;
      }
    printf("1+2+3+...+100=d%",s);
  }
 </p>
</body>
```

8. text-overflow(设置溢出文本的标记)

text-overflow 属性用于设置溢出文本的标记，其语法格式如下。

```
text-overflow : clip | ellipsis | string
```

参数介绍如下。

- clip：修剪溢出文本，不显示省略符"…"。
- ellipsis：用省略符来标记被修剪的文本。
- string：使用给定的字符串来表示被修剪的文本。

【例4-1-6】用省略符标识溢出文本。本例在浏览器中的显示效果如图4-6所示，页面文件4-1-6.html的关键代码如下。

```
<head>
 <title>文本修剪</title>
 <style type="text/css">
  ul{
    width:310px;                  /*无序列表的宽度*/
    height:100px;
    border:1px solid #000;        /*1px 的黑色实线边框*/
    padding: 5px;                 /*内边距为 5px*/
  }
  li{
    line-height:28px;
    white-space:nowrap;           /*强制文本不能换行*/
    overflow:hidden;              /*隐藏溢出文本*/
    text-overflow:ellipsis;       /*用省略标记标识被修剪的文本*/
  }
</style>
</head>
<body>
  <h3>热点新闻</h3>
  <ul>
    <li>一带一路国家基础设施发展指数报告出炉。</li>
    <li>车用 LED 等业务持续成长，相关企业营收月增 1%。</li>
    <li>2023 年第 22 届西部光博会智能显示、触摸屏及 LED 成都展览会。</li>
  </ul>
</body>
```

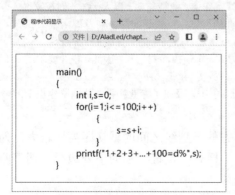

图4-5　文本预格式化显示

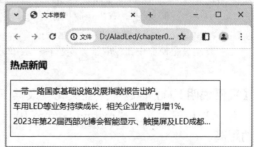

图4-6　用省略标记表示溢出文本

【说明】当文本内容溢出时，用省略符表示溢出文本，需要定义包含文本对象的宽度；

此外"white-space:nowrap;""overflow:hidden;"和"text-overflow:ellipsis;"这 3 个样式必须同时使用。

4.1.4 案例制作

【案例：企业文化页面】4-1.html 文档的源代码如下，`<p></p>`标签中部分文字省略。

案例制作.mp4

```
<head>
    <title>企业文化</title>
    <style>
      h3{
        font-size:22px;
        color:#333;
        margin-bottom:10px;          /*下外边距为 10px*/
      }
      p{
        font-family:"微软雅黑";
        font-size:14px;
        color:#333;
        text-indent:2em;              /*首行缩进两个汉字，即 28px*/
        line-height:28px;             /*行高为 28px*/
      }
      .t1{
        font-size:15px;
        font-weight:600;
      }
    </style>
</head>
<body>
    <h3>企业文化</h3>
    <hr align="left" width="98%" noshade="noshade"/>
    <p><span class="t1">价值观：</span>诚实守信，业绩导向，以人为本，创新发展。</p>
    <p>诚实守信是企业的核心价值观，是建基立业的根本；业绩导向是企业发展……</p>
    <p><span class="t1">发展观念：</span>做实、做强、做大、做好。</p>
    <p>顺应经济新常态，需要企业积极转变发展方式，实现内涵式增长。因此，企业要求……</p>
    <p><span class="t1">企业精神：</span>务实 专业 协同 奉献。</p>
     <p>从央企使命中，汲取了务实精神；从市场竞争中，汲取了专业精神；从团队建设……</p>
</body>
```

【案例说明】(1) 标题"企业文化"及其下方的下划线之间的默认距离比较大，为了美观，对`<h3>`标签定义了"margin-bottom:10px;"样式，设置标题的下外边距，调整两者之间的距离。

(2) span 标签是行级元素，应用.t1 样式。

4.2 图像样式

图像是网页中不可缺少的内容，它能使页面更加丰富多彩，能让人更直观地感受网页所要表达的信息。

4.2.1 教学案例

教学案例.mp4

【案例展示】新闻动态——产品资讯局部页面的设计。

使用 CSS 设置图像和文本样式，完成新闻动态——产品资讯局部页面的设计。本例文件 4-2.html 在浏览器中的显示效果如图 4-7 所示。

图 4-7　新闻动态——产品资讯局部页面

【知识要点】设置图像边框、图像缩放、图像位置、图文混排等。

【学习目标】掌握利用 CSS 设置图像样式的常用属性。

4.2.2 设置图像样式

设置图像样式.mp4

在第 2 章已经学习过图像元素的基本知识，下面用 CSS 样式来设置图像的大小和边框。

1. 设置图像大小

要使用 CSS 样式控制图像的大小，可以通过 width 和 height 两个属性来实现。常用的取值单位有 px 和基于父元素宽度(或高度)的百分比宽度(或高度)。

【例 4-2-1】设置图像的大小。本例在浏览器中的显示效果如图 4-8 所示，页面文件 4-2-1.html 的关键代码如下。

```
<head>
    <title>图像大小设置</title>
    <style>
     #box{
        width:300px;
        height: 200px;
        padding: 5px;
        border: 1px dotted #555555;
     }
```

```
    .img1{
        width:150px;              /*绝对宽度150px*/
        height:200px;             /*绝对高度200px*/
    }
    .img2{
        width:25%;                /*相对宽度25%*/
        height:50%;               /*相对高度50%*/
    }
    </style>
</head>
<body>
  <div id="box">
    <img src="img/jgd1.jpg" class="img1">
    <img src="img/jgd1.jpg" class="img2">
  </div>
</body>
```

【说明】本例中.img2 定义的 width 和 height 两个属性的取值为百分比,是相对于"id=box"的 div 容器而言的。如果将这两个属性设置为相对于 body 元素的宽度或高度,就可以实现当浏览器窗口改变时,图像大小也发生相应变化的效果。

2. 设置图像边框

用 CSS 样式设置图像的边框时,可以通过 border-style 属性设置边框线型,通过 border-width 属性设置边框粗细,通过 border-color 属性设置边框颜色。

【例4-2-2】用 CSS 样式设置图像的边框。本例文件 4-2-2.html 的显示效果如图 4-9 所示。在例 4-2-1 的基础上,修改 CSS 样式,代码如下。

图 4-8　设置图像大小

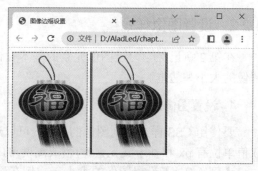

图 4-9　设置图像边框

```
<style>
.img1{
    width:150px;              /*绝对宽度150px*/
    height:200px ;            /*绝对高度200px*/
    border-style:dotted;      /*点画线边框*/
    border-width:2px;         /*边框粗细为2px*/
    border-color: #FF0000;    /*边框颜色*/
    }
.img2{
```

```
    width:150px;                      /*绝对宽度为150px*/
    height:200px ;                    /*绝对高度为200px*/
    border-style: dotted double solid double;        /*边框线型依次为点线、双
线、实线、双线*/
    border-width: 2px 4px 3px 4px ;         /*边框粗细依次为2px、4px、3px、4px*/
    border-color: #555 #F00 #F00 #F00;    /*边框颜色为上灰色，右、下、左红色*/
    }
</style>
```

【说明】图像(即 img 元素)作为 HTML 的一个独立对象，需要占据一定的空间。因此，img 元素在页面中的风格样式用盒子模型来设计。

4.2.3　案例制作

【案例：产品资讯局部页面】4-2.html 文档的源代码如下，<p></p>标签中部分文字省略。

案例制作-产品咨询页面.mp4

```
<head>
    <title>产品资讯</title>
    <style>
      img{
        width:200px;
        height:150px;
        float:left;               /*向左浮动*/
        margin-right:20px;        /*右侧外边距为20px*/
      }
      p{
        font-size:14px;
        line-height:22px;         /*行间距为22px*/
        text-indent:2em;          /*段首缩进两个字符*/
      }
    </style>
</head>
<body>
    <h4>以 LED 照明代替日光，中国科考队在南极成功种菜</h4>
    <img src="img/pro_info_1.jpg" />
    <p>南极站的科考队员们经过刻苦钻研，反复实验，研制出了一种特殊的营养液，......</P>
    <p>科学家以 LED 照明代替日光，并仔细监控室内的二氧化碳，在现有基础之上......</p>
</body>
```

【案例说明】在图像标签<img>的 CSS 样式中，用属性"float:left;"实现了图片和文字混排的功能。

4.3　列　表　样　式

使用列表进行布局设计，不仅可使页面结构清晰，而且代码量明显减少。网页上的导航和各种新闻列表用列表实现，非常整齐直观，方便用户理解和单击。

4.3.1 教学案例

教学案例.mp4

【案例展示】首页——客户案例局部页面设计。

使用 CSS 设置列表样式的基本知识，制作首页——客户案例局部页面，本例文件 4-3.html 在浏览器中的显示效果如图 4-10 所示。

图 4-10　首页——客户案例局部页面

【知识要点】设置列表类型、列表项目符号及位置的属性和方法。

【学习目标】掌握 CSS 设置列表样式的常用属性和方法。

设置列表项的
标记类型.mp4

4.3.2 设置列表项的标记类型

通常，项目列表主要采用<ul>或<ol>标签，然后配合<li>标签列出各个列表项。在 CSS 样式中，列表项的标记(即项目符号)类型是通过属性 list-style-type 设置的。

list-style-type 属性主要用于设置列表项的标记类型，例如，在一个无序列表中，列表项的默认标记是出现在各列表项旁边的圆点；而在有序列表中，标记可能是字母、数字或另外某种符号。list- style-type 的常用属性值如表 4-1 所示。

表 4-1　list-style-type 的常用属性值

列 表 类 型	list-style-type 属性值	说　　明
无序列表 <ul>	disc	默认值，标记是实心圆
	circle	标记是空心圆
	square	标记是实心正方形
	none	不显示任何符号

续表

列 表 类 型	list-style-type 属性值	说　　明
有序列表 <ol>	upper-alpha	标记是大写英文字母，如 A，B，C，E，F…
	lower-alpha	标记是小写英文字母，如a，b，c，d，e，f…
	upper-roman	标记是大写罗马字母，如I，II，III，IV，V，VI，…
	lower-roman	标记是小写罗马字母，如i，ii，iii，iv，v，vi…
	decimal	标记是数字
<ul>，<ol>	list-style-image:url(图标路径)	使用图像来替换列表项的标记

【说明】(1) 使用 list-style-image 属性设置各个列表项目图像时，图像相对于列表项内容的放置位置通常使用 list-style-position 属性控制。

(2) list-style-image 对列表项目图像的控制能力不强，一般不建议使用，通常使用<li>设置背景，实现列表项目图像。

在页面中使用列表时，可以根据实际情况选用不同的列表项标记作为修饰符，也可以不选用列表项标记。

【例 4-3-1】设置列表项标记类型。本例在浏览器中的显示效果如图 4-11 所示，页面文件 4-3-1.html 的关键代码如下。

图 4-11　设置列表项的标记类型

```
<head>
    <title>无序列表</title>
    <style>
      ul{
        list-style-type:circle;          /*标记类型是空心圆*/
      }
      li.st{
        list-style-type:square;          /*标记类型是实心正方形*/
      }
    </style>
</head>
<body>
    <h3>产品中心</h3>
    <ul>
        <li>LED 景观路灯</li>
        <li>LED 霓虹灯</li>
        <li>LED 瓦楞灯</li>
        <li>LED 数码灯</li>
        <li class="st">LED 点光源</li>
        <li class="st">LED 墙角灯</li>
    </ul>
</body>
```

【说明】当给<ul>或<ol>标签设置 list-style-type 属性时，在它们中间的所有<li>标签都采用该设置;而如果对<li>标签单独设置 list-style-type 属性,则仅作用在该列表项上。例如,页面中应用".st"样式的列表项,标记变成了实心正方形,但是并没有影响其他列表项的标记类型(空心圆)。

4.3.3 设置列表项的标记位置

设置列表项的
标记位置.mp4

list-style-position 属性用于声明列表标记相对于列表项内容的位置,属性值为 outside(外部)或 inside(内部)。使用 outside 属性值(默认值),会保持标记位于文本的左侧,放置在文本以外,环绕文本不根据标记对齐。使用 inside 属性值,列表项标记被放置在文本以内,像插入列表项内容最前面的行内元素一样,环绕文本和列表标记左对齐显示。

【例 4-3-2】设置列表项的标记位置。本例在浏览器中的显示效果如图 4-12 所示,页面文件 4-3-2.html 的关键代码如下。

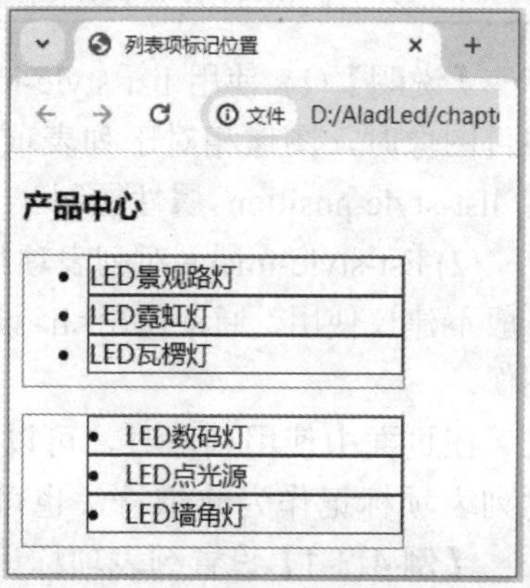

图 4-12 设置列表项的标记位置

```
<head>
   <title>列表项标记位置</title>
  <style>
  ul{
    width:200px;    height:100px;
    border:1px solid #999;
/*增加边框显示无序列表的宽和高*/
  }
  li{
    line-height:22px;
    border:1px solid #333;          /*增加边框突出显示效果*/
  }
  ul.oustside{
    list-style-position:outside;    /*将列表项的标记放置在文本以外*/
  }
  ul.inside{
    list-style-position: inside;    /*将列表项的标记放置在文本以内*/
  }
</style>
</head>
<body>
<h3>产品中心</h3>
<ul class="oustside">
        <li>LED 景观路灯</li>
        <li>LED 霓虹灯</li>
        <li>LED 瓦楞灯</li>
        <li>LED 数码灯</li>
</ul>
<ul class="inside">
        <li class="st">LED 点光源</li>
        <li class="st">LED 墙角灯</li>
```

```
    </ul>
</body>
```

4.3.4　案例制作

案例制作.mp4

【案例：首页——客户案例局部页面设计】在 HBuilderX 中，案例的制作过程如下。

(1) 创建项目，将需要的图片文件复制到 img 文件夹中。如果已建项目，则将图片素材复制到已建项目的 img 文件夹中。

(2) 创建网页结构文件，在当前项目中创建一个 HTML5 网页文件，文件名为 4-3.html，关键代码如下。

```
<html>
    <head>
        <link href="css/4-3.css" type="text/css" rel="stylesheet">
    </head>
    <body>
        <div class="main_right">
            <h3>客户案例</h3>
            <img src="img/led_jgd9.jpg" />
            <ul>
                <li>日照水上运动中心亮化工程，美丽的海滨城市</li>
                <li>夜景亮化工程公司--美化城市的夜空</li>
                <li>小区数码管亮化--建设美丽和谐的生活环境</li>
                <li>水世界楼体亮化--旅游盛景，等你欣赏美景</li>
                <li>开发区委会夜景亮化--2022 年 3 月完工</li>
            </ul>
        </div>
    </body>
</html>
```

(3) 创建外部 CSS 样式文件，美化图片和文字信息列表。在文件夹 css 下新建名为 4-3.css的样式表文件，该文件的代码如下。

```
.main_right{                    /*设置客户案例局部页面的宽度*/
    width:330px;
    }
.main_right img{                /*客户案例的图片样式，设置图片的宽度和高度*/
    width:325px;
    height:200px;
}
h3{                             /*h3 标题的样式*/
    font-size:16px;
    color: #545861;             /*文字颜色为浅灰色*/
    font-weight: 500;           /*文字粗细为 500*/
    }
ul{                             /*设置无序列表的外边距和内边距*/
    margin: 0;
```

```
    padding: 0;
}
ul li{
    font-size: 14px;
    line-height: 27px;                 /*行高27px*/
    list-style-position: inside;       /*列表项标记放置在文本以内*/
}
```

(4) 预览网页，效果如图4-10所示。

4.4 表 格 样 式

在第2章中已经介绍了表格的基本用法，本节讲解怎样用CSS表格属性来设置表格的外观样式，实现表格的美化。

4.4.1 教学案例

教学案例.mp4

【案例展示】营销动态——销售统计局部页面。

使用CSS设置表格样式的基本知识，制作营销动态——销售统计局部页面，本例文件4-4.html在浏览器中的显示效果如图4-13所示。

2018年产品销售情况					
产品	1季度	2季度	3季度	4季度	小计
LED射灯	160	185	240	123	708
LED景观灯	560	780	345	573	2258
LED霓虹灯	380	280	420	345	1425
LED数码灯	560	590	645	620	2415
LED墙角灯	165	185	220	143	713
LED点光源	258	280	315	245	1098
合计					8617

图4-13 表格应用

【知识要点】表格边框合并、单元格间距。

【学习目标】掌握设置表格样式的常用属性。

4.4.2 设置表格边框合并

border-collapse(设置表格边框合并).mp4

border-collapse属性用于设置表格的边框是合并成单边框，还是分别有自己的边框，其语法格式如下。

```
border-collapse : separate | collapse
```

参数介绍如下。

- separate：边框分开，默认值，border-spacing 和 empty-cells 属性起作用。
- collapse：边框合并，即两个相邻的边框共用一个边框。忽略 border-spacing 和 empty-cells 属性。

【例 4-4-1】设置表格边框样式。本例在浏览器中的显示效果如图 4-14 所示，页面文件 4-4-1.html 的关键代码如下。

```
<head>
  <title>表格边框合并</title>
  <style>
    .t1{
      border-collapse:collapse;  /*表格边框合并*/
      width:200px;
    }
    .t2{ width:200px;  }
  </style>
</head>
<body>
  <table border="1" class="t1" >
  <caption>表格边框合并</caption>
    <tr><td>LED 景观灯</td><td>LED 霓虹灯</td></tr>
    <tr><td>LED 数码灯</td><td></td></tr>
  </table>
  <br>
  <table border="1" class="t2" >
  <caption>表格边框分开</caption>
    <tr><td>LED 景观灯</td><td>LED 霓虹灯</td></tr>
    <tr><td>LED 数码灯</td><td></td></tr>
  </table>
</body>
```

4.4.3　设置单元格间距

border-spacing 属性用于设置相邻单元格边框间的距离，其语法格式如下。

border-spacing(设置
单元格间距).mp4

```
border-spacing : length | length
```

其中的 length 表示相邻单元格的边框之间的距离，单位为 px、cm 等，不允许用负值。

【说明】如果定义一个 length 参数，表示定义的是水平和垂直间距；如果定义两个 length 参数，第一个用于设置水平间距，第二个用于设置垂直间距。

【例 4-4-2】设置相邻单元格的边框之间的距离，显示效果如图 4-15 所示。在例 4-4-1.html 的基础上，修改 CSS 样式，代码如下。

```
<style>
  .t1{
    border-collapse:collapse;
    width:300px;
    border-spacing:15px;        /*单元格间距为 15px，但是不起作用*/
```

```
        }
      .t2{
        width:300px;
        border-spacing:15px;           /*单元格间距为15px*/
      }
   </style>
```

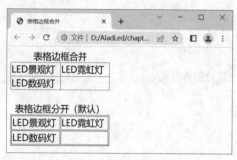

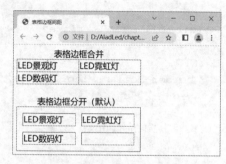

图 4-14　表格边框合并　　　　　　　　图 4-15　设置表格边框间距

【说明】只有当表格边框分开(border-collapse:separate)时，为 border-spacing 属性设置的值才有效。

4.4.4　设置表格标题的位置

caption-side 属性用于设置表格标题的位置，其语法格式如下。

```
caption-side : top | bottom | left | right
```

参数介绍如下。

caption-side(设置表格标题的位置).mp4

- top：把表格标题定位在表格之上，默认值。
- bottom：把表格标题定位在表格之下。
- left：把表格标题定位在表格的左边。
- right：把表格标题定位在表格的右边。

【说明】caption-side 属性必须和表格的<caption>标签一起使用。

4.4.5　案例制作

【案例：销售统计局部页面】4-4.html 文档的源代码如下。

案例制作.mp4

```
<head>
  <meta charset="utf-8">
  <title>销售统计</title>
  <style>
    h4{   text-align:center;       }
    table{
      width:650px;
      border: 1px solid #666;            /*定义表格边框的样式*/
      border-collapse:collapse;          /*合并相邻单元格的边框*/
      text-align:center;
      font-family:"微软雅黑";             /*字体为"微软雅黑"*/
```

```
        font-size:13px;                        /*文字大小为 13px*/
        color:#444444;                         /*文字颜色为灰色*/
        }
    th , td{
        height:25px;
        border:1px solid #999 ;   /*定义单元格的边框样式*/
        text-align:center;
        }
    th{
        height:28px;
        background-color:#eee ;
    }
  </style>
</head>
<body>
  <table>
    <caption> <h4>2018 年产品销售情况</h4></caption>
    <tr>
        <th>产品</th><th>1 季度</th><th>2 季度</th>
        <th>3 季度</th><th>4 季度</th><th>小计</th>
    </tr>
    <tr>
        <td>LED 射灯</td><td>160</td><td>185</td>
        <td>240</td><td>123</td><td>708</td>
    </tr>
    <tr>
        <td>LED 景观灯</td><td>560</td><td>780</td>
        <td>345</td><td>573</td><td>2258</td>
    </tr>
    <tr>
        <td>LED 霓虹灯</td><td>380</td><td>280</td>
        <td>420</td><td>345</td><td>1425</td>
    </tr>
    <tr>
        <td>LED 数码灯</td><td>560</td><td>590</td>
        <td>645</td><td>620</td><td>2415</td>
    </tr>
    <tr>
        <td>LED 墙角灯</td><td>165</td><td>185</td>
        <td>220</td><td>143</td><td>713</td>
    </tr>
    <tr>
        <td>LED 点光源</td><td>258</td><td>280</td>
        <td>315</td><td>245</td><td>1098</td>
    </tr>
    <tr>
        <td colspan="5"><strong>合计</strong></td>
        <td><b>8617</b></td>
    </tr>
```

```
    </table>
    </body>
```

浏览页面，效果如图 4-13 所示。

【案例说明】CSS 样式中，table 样式中的边框样式是整个表格的外边框样式，td 和 th 样式中的边框样式是每个单元格的边框样式。

4.5 实 践 训 练

【实训任务】设计首页——热销产品局部页面。

应用表格技术、图像和文字设计技术，制作首页——热销产品局部页面。本例文件 4-5.html 在浏览器中的显示效果如图 4-16 所示。

实践训练.mp4

图 4-16　首页——热销产品局部页面

【知识要点】文本样式、图像样式及图文混排、表格样式。

【实训目标】掌握用 CSS 样式设置文本样式、图像样式和表格样式的技术。

4.5.1　任务分析

1. 页面结构分析

这部分页面用表格进行布局设计，表格 1 行 8 列，奇数列放图片，偶数列放文本和超链接。

2. 样式分析

(1) "热销产品"页面是首页上的局部页面，网页宽度为 1100px。本例用表格实现布局，表格宽度是 1100px。

(2) 奇数列单元格中的图片样式统一定义。

(3) 偶数列中的文本标题用<h4>定义，超链接用 CSS 样式设置成按钮样式。

4.5.2　任务实现

根据上面的分析，创建网页文件和外部样式文件，完成热销产品局部页面的设计。

1. 创建页面文件

(1) 把图片资料存入当前项目的 img 文件夹中。

(2) 在当前项目中新建一个 HTML5 文档，文件名为 4-5.html。

在 HBuilderX 编辑区编辑文件，页面文件的关键代码如下。

```html
<head>
    <meta charset="utf-8">
    <title>热销产品</title>
    <link href="css/4-5.css" rel="stylesheet" type="text/css">
</head>
<body>
  <table>
    <tr>
      <td><img src="img/led_sd1.jpg" class="img1"></td>
      <td class="td1"><h4>LED 射灯</h4>
        专业技术<br/>
        高效耐用<br/>
        <a href="#">详细信息<img src="img/triangle-icon-white.png"></a>
      </td>
      <td><img src="img/led_jgd7.jpg" class="img1"></td>
      <td class="td1"><h4>LED 景观路灯</h4>
        优越品质<br/>
        绿色环保<br/>
        <a href="#">详细信息<img src="img/triangle-icon-white.png"></a>
      </td>
      <td><img src="img/led_nhd1.jpg" class="img1"></td>
      <td class="td1"><h4>LED 霓虹灯</h4>
        领先科技<br/>
        节能高效<br/>
        <a href="#">详细信息<img src="img/triangle-icon-white.png"></a>
      </td>
      <td><img src="img/led_wld1.jpg" class="img1"></td>
      <td class="td2"><h4>LED 瓦楞灯</h4>
        优越品质<br/>
        优质体验<br/>
        <a href="#">详细信息 <img src="img/triangle-icon-white.png"></a>
      </td>
    </tr>
  </table>
</body>
```

2. 创建 CSS 样式文件

创建外部样式表文件，在当前项目的 css 文件夹中新建一个 CSS 文件，文件名为 4-5.css，样式代码如下。

(1) 定义页面的统一样式。

```css
body{
    font-family: "微软雅黑";          /*字体为"微软雅黑"*/
    font-size:13px;                   /*文字大小为 13px*/
    color:#444444;                    /*文字颜色为灰色*/
}
```

(2) 定义表格的样式和文本列单元格的样式。样式.td2 中最右侧的单元格无右边框。

```
table{
 width:1100px;
 border:1px solid #DDD;
 padding:0px;
 margin:0 auto;              /*左右居中对齐*/
 }
.td1,.td2{                    /*定义兄弟样式*/
   vertical-align:top;
   width:90px;
   }
.td1{   border-right: 1px solid #DDDDDD;        }
.td2{   border-right: 0px;        }
```

(3) 定义标题的样式,通过外边距来控制标题与上边框和下方文字的距离。

```
h4{margin:10px 0px 5px 0px;}
```

(4) 定义图片的样式。

```
.img1{
 width:162px;
 height:142px;
}
```

(5) 定义超链接的样式,通过 CSS 设置宽、高和背景色,设计成按钮的样式。

```
a{
 display: inline-block;       /*转换成行内块元素*/
 width:75px;
 height:26px;
 background-color:#494949;
 color:#FFF ;
 text-decoration:none;
 text-align:center;
 margin-top:15px;
 line-height:26px ;
 }
```

3. 浏览网页

在 Chrome 浏览器中浏览网页,效果如图 4-16 所示。

【实训说明】本例可以用无序列表实现,每个列表项包括图片和文本,并在一行上显示,用 CSS 进行样式控制。

4.6 拓 展 知 识

1. 定义服务器字体。
2. 其他的文本外观样式。
3. 设置表格中空的单元格边框是否显示。

元素外观样式拓展知识.docx　　　　　　拓展知识.mp4

4.7　本章小结

本章首先介绍了文本样式各个属性的意义及其设置方法，然后介绍了图片、列表和表格的样式设置方法，最后通过实例讲解了表格、图片和文本在页面设计中的实际应用。

通过本章的学习，读者应该能够掌握页面元素的样式设置技术，灵活应用这些技术进行网页元素的修饰，能设计出美观大方的网页。

4.8　练习题

一、选择题(请扫右侧二维码获取)

二、综合训练题

选择题.docx

1. 应用文本样式及其属性，设计如图 4-17 所示的页面。

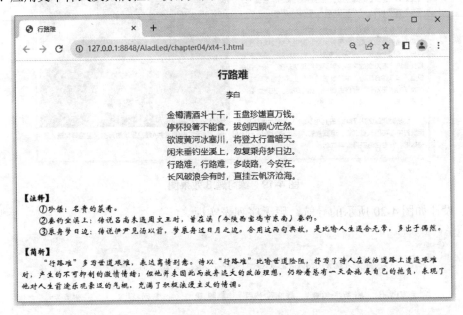

图 4-17　练习题 1 效果图

2. 应用文本样式及其属性，设计如图 4-18 所示的页面。

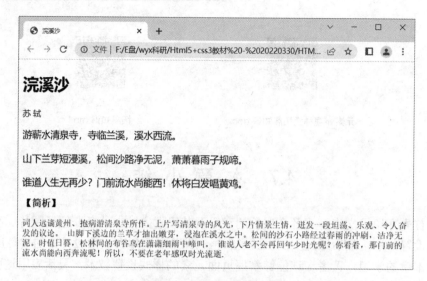

图 4-18　练习题 2 效果图

3. 用图文混排技术，设计如图 4-19 所示的页面，其中标题字体使用楷体。

图 4-19　练习题 3 效果图

4. 设计如图 4-20 所示的导航，用无序列表实现。

图 4-20　练习题 4 效果图

5. 用 CSS 样式设计如图 4-21 所示的表格。

姓名		性别		
生日		民族		照片
籍贯		政治面貌		
学历		毕业学校		
电话		电子邮箱		
住址				
自我评价				
专业介绍				
获奖情况				
备注说明				

图 4-21　练习题 5 效果图

第 **5** 章

CSS 盒子模型

本章要点

盒子模型是网页布局的基础，具有各种属性及其设置方法，只有掌握了盒子模型的特征和规律，才能更好地控制网页中各个元素的显示效果。本章将具体介绍盒子的各种外观属性、背景属性及其设置方法。

学习目标

- 理解盒子模型的概念。
- 掌握盒子模型宽度和高度属性的意义及其设置方法。
- 掌握盒子模型边框属性的意义及其设置方法。
- 掌握盒子模型边距属性的意义及其设置方法。
- 掌握盒子模型背景颜色和背景图像的设置方法。
- 掌握 CSS3 渐变背景的设置方法。
- 掌握综合应用盒子属性制作页面的方法。
- 培养严谨的工作态度、规范的编码风格和网络资源的版权意识。

5.1 盒子模型简介

盒子模型是 CSS 中的一个重要概念。网页中的每个元素都可描绘为矩形盒子，一个盒子包括 content(实际内容)、padding(内边距)、border(边框)和 margin(外边距)，如图 5-1 所示。

盒子模型简介.mp4

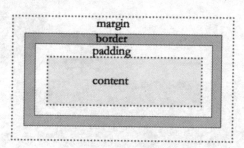

图 5-1 盒子模型

1. content(实际内容)

盒子的 content 部分显示文本和图像。

如果指定高度大于显示内容所需的高度，多余的高度会产生类似内边距一样的效果；如果元素内容的高度大于元素框的高度，浏览器的具体行为则取决于 overflow 属性。

2. padding(内边距)

盒子的内边距是内容与边框之间的区域。内边距是透明的，取值不能为负，受盒子的 background 属性的影响。

3. border(边框)

盒子的边框是围绕元素内容和内边距的一条或多条线。边框由粗细、样式和颜色 3 部分组成。

4. margin(外边距)

盒子的外边距是指元素与周围元素之间的空白区域，通常是指不能放置其他元素的区域，而且在这个区域中可以看到父元素的背景(padding 显示的是本身的背景而非父元素的背景)。margin 经常取负值，以实现定位功能。

5.2 盒子的外观属性

5.2.1 教学案例

教学案例.mp4

【案例展示】首页——企业新闻局部页面设计。

使用盒子模型的基本知识设计网站首页——企业新闻局部页面，本例文件 5-2.html 在浏览器中的显示效果如图 5-2 所示。

图 5-2 首页——企业新闻局部页面

【知识要点】盒子模型的宽度、高度、内边距、边框和外边距。

【学习目标】掌握盒子属性的设置方法。

5.2.2 盒子模型的宽和高

盒子模型性的
宽和高.mp4

网页是由多个盒子排列而成的，每个盒子都有固定的大小。在 CSS 中，可使用宽度属性 width 和高度属性 height 对盒子的大小进行控制，其语法格式如下。

```
width : auto | length | %
height : auto | length | %
```

参数介绍如下。

● auto：浏览器计算实际的宽度(或高度)。

● length：自定义元素的宽度(或高度)，常用的取值单位为像素(px)。

● %：定义基于父元素宽度(或高度)的百分比宽度(或高度)。

【例 5-2-1】设置盒子模型的宽度和高度。本例在浏览器中的显示效果如图 5-3 所示，页面文件 5-2-1.html 的关键代码如下。

```
<head>
  <title>盒子模型的宽度和高度</title>
  <style>
  .box1{
    width:250px;                        /*宽度 250px*/
    height:100px;                       /*高度 100px*/
    padding:10px;                       /*内边距 10px*/
    margin:20px;                        /*外边距 20px*/
    border:3px solid #333;              /*边框为 3px 的浅黑色实线*/
```

```
    }
    </style>
</head>
<body>
    <div class="box1"> 自然界没有风风雨雨，大地就不会春华秋实。</div>
</body>
```

1. 两种盒子模型

盒子的实际宽度和高度与盒子采用的模型有关。

- 在 W3C 模型中，width(或 height)=content，盒子的实际宽度(或高度)= content + border + padding。
- 在 IE 模型中，width(或 height)=content+padding+border，盒子的实际宽度(或高度)= width(或 height)，盒子所占的空间=盒子的实际宽度(或高度)+margin。

在例 5-2-1 的盒子模型中，如图 5-4 所示，默认采用 W3C 模型，尺寸如下。

实际宽度=250+10*2+3*2=276px。

实际高度=100+10*2+3*2=126px。

所占空间宽度=276+20*2=316px。

所占空间高度=126+20*2=166px。

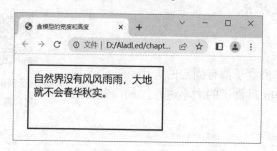

图 5-3　盒子模型的宽度和高度

图 5-4　例 5-2-1 的盒子模型

2. box-sizing 属性

盒子采用何种模型，可以用 box-sizing 属性来设置。

(1) 设置标准的盒子模型(默认值)。

```
box-sizing:content-box;
```

标准的盒子模型的 width 和 height 只包括内容(content)的宽度和高度，不包括 border、padding 和 margin，这些都在盒子的外部。

- 盒子所占空间宽度=width+左右内边距之和+左右边框宽度之和+左右外边距之和
- 盒子所占空间高度=height+左右内边距之和+左右边框宽度之和+左右外边距之和

(2) 设置 IE 模型。

```
box-sizing:border-box;
```

在这种模型下设置盒子的宽度和高度时，包括 content+padding+border，但是不包括 margin。

3. 应用范围

盒子的宽度和高度适用于块级(block)元素和行级(inline-block)元素，对于行内元素无效。

【例 5-2-2】分析块级元素与行级元素在宽度和高度上的区别。本例在浏览器中的浏览效果如图 5-5 所示，页面文件 5-2-2.html 的关键代码如下。

```
<head>
    <title>行级元素的宽和高</title>
    <style>
        .box2{
        width:200px;                     /*宽度 200px*/
        height:100px;                    /*高度 100px*/
        border:1px solid #333 ;          /*边框为 1px 的浅黑色实线*/
        background:#EEE;                 /*浅灰色背景*/
        margin:10px ;                    /*外边距为 10px*/
        }
    </style>
</head>
<body>
    <div class="box2">这是块级元素(div)</div>
    <span class="box2">这是行级元素(span)</span>
</body>
```

【说明】span 是行级元素，设置的宽度和高度无效。

4. 元素类型及元素类型转换

(1) 从布局角度分析，文档中的元素都可以划归为块级元素和行级元素两种类型，具体如下。

- 块级元素的宽度为 100%，始终占据一行。<h1>~<h6>、<p>、<ul>、<ol>、<li>、<table>、<div>和<body>等元素都是块级元素。
- 行级元素没有高度和宽度，行级元素前后没有换行符，没有固定的形状，显示时只占据内容的大小。<a>、<img>、<strong>、<b>、<em>、<i>、<span>和表单元素等都是行级元素。

(2) 进行页面布局时，有些情况下需要对元素类型进行转换。如果希望行级元素具有块级元素的某些特性(如设置宽高)，或者如果需要块级元素具有行级元素的某些特性(如不独占一行排列)，可以使用 display 属性对元素的类型进行转换。

display 属性常用的属性值及含义如下。

- display:inline：元素将显示为行级元素(行级元素默认的 display 属性值)。
- display:block：元素将显示为块级元素(块级元素默认的 display 属性值)。
- display:inline-block：元素将显示为行内块级元素，可以对其设置宽高和对齐等属性，但是该元素不会独占一行。
- display:none：元素将被隐藏，该元素及其所有内容不再显示，也不占用文档中的空间。

下面通过一个示例来演示 display 属性的用法和效果。

【例 5-2-3】设置行级元素按块级元素显示。本例页面 5-2-3.html 的浏览效果如图 5-6 所示。

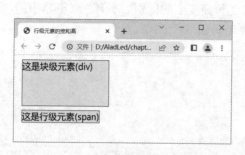

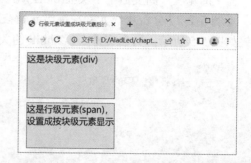

图 5-5　行级元素的宽度和高度　　　图 5-6　将行级元素设置成块级元素后的宽度和高度

修改例 5-2-2 中的样式定义,在.box2 中添加一行定义 display 属性的代码,设置元素类型显示为块级元素,即可为 span 元素设置宽度和高度,代码如下。

```
display:block;              /*块级元素显示*/
```

5.2.3　盒子边框属性

在网页设计中,经常需要为元素设置边框的显示效果。CSS 边框属性包括边框宽度、边框样式和边框颜色等。

盒子边框属性.mp4

1. border-width(边框宽度)

border-width 属性为元素的所有边框设置宽度,或者单独为各个边框设置宽度,其语法格式如下。

```
border-width :1~4 medium | thin | thick | length
```

参数介绍如下。

- medium:定义中等的边框(默认)。
- thin:定义细的边框。
- thick:定义粗的边框。
- length:自定义边框的宽度,常用取值单位为 px。

【说明】使用 border-width 属性设置 4 条边的边框宽度时,必须采用上、右、下、左的顺时针顺序。省略时采用值复制的原则,即如果只有一个值,将用于 4 条边框;如果有两个值,则用于上下/左右边框;如果有 3 个值,则第一个用于上边框,第二个用于左边框和右边框,第三个用于下边框。这样的写法称为值复制。

例如,设置段落的边框宽度,代码如下。

```
p{borer-width:thin; }              /*四边都是细的边框*/
p{borer-width:2px thick; }         /*上下边框宽度为 2px,左右是粗的边框*/
```

可以通过属性 border-top-width、border-right-width、border-bottom-width 和 border-left-width 分别设置各条边框的宽度。如:

```
border-left-width:3px;         /*左边框宽度为 3px*/
```

注意:

如果border-style设置为none,本属性无效。如果边框样式是 none,边框宽度实际上会重置为0。不允许指定负宽度值。

2. border-style(边框样式)

border-style 属性用于设置元素所有边框的样式,或者单独为各边设置边框样式,其语法格式如下。

```
border-style : 1~4 none | solid | dashed | dotted | double | groove | ridge
| inset | outset
```

border-style 属性包括多个边框样式的参数,用于定义不同的边框样式,参数介绍如下。

- none:无边框。
- solid:边框为单实线。
- dashed:边框为虚线。
- dotted:边框为点线。
- double:边框为双实线。
- groove:根据 border-color 的值画 3D 凹槽。
- ridge:根据 border-color 的值画棱形边框。
- inset:根据 border-color 的值画 3D 凹边。
- outset:根据 border-color 的值画 3D 凸边。

【说明】使用border-style属性设置 4 条边框的样式时,必须采用上、右、下、左的顺时针顺序。省略时采用值复制的原则,使用方法和border-width相同。

例如,设置段落的边框样式,代码如下。

```
p{border-style:solid; }                    /*四边都是实线*/
p{border-style:dashed solid; }             /*上下边虚线,左右边实线*/
p{border-style:solid dashed double; }      /*上边实线,左右边虚线,下边双实线*/
```

可以通过属性 border-top-style、border-right-style、border-bottom-style 和 border-left-style 分别设置各条边框的样式。如:

```
border-top-style:solid;         /*上边框为实线*/
```

注意:

如果 border-width 不大于 0,本属性无效。

3. border-color(边框颜色)

border-color属性用于设置 4 条边框的颜色,可设置一个元素的所有边框中可见部分的颜色,或者为 4 条边框分别设置不同的颜色。其语法格式如下。

```
border-color :1~4 color
```

color 的取值有如下几种。

- 预定义的颜色值,如 blue、gray、red 和 yellow 等。
- 十六进制值#RRGGBB。

● rgb 函数代码 rgb(r,g,b)。

【说明】使用border-color属性设置 4 条边框的颜色时，只设置 1 个、2 个、3 个和 4 个值，使用值复制的原则与边框宽度、边框样式的设置相同。

例如，设置段落的边框颜色，代码如下。

```
p{border-color:#CCC; }              /*四条边框的颜色都是灰色*/
p{border-color:#CCC #FF0000; }      /*上下边灰色，左右边红色*/
```

可以通过属性 border-top-color、border-right-color、border-bottom-color 和 border-left-color 分别设置各条边框的颜色。如：

```
border-right-color:#999;            /*右边框灰色*/
```

注意：

如果 border-width 不大于 0 或 border-style 设置为 none，本属性无效。

【例 5-2-4】 设置边框的样式。本例在浏览器中的显示效果如图 5-7 所示，页面文件 5-2-4.html 的关键代码如下。

```
<head>
<title>边框设置</title>
<style>
    .box4{
    width:250px;                /*宽度为250px*/
    height:100px;               /*高度为100px*/
    border-width:3px 2px 5px ;  /*上、右、下、左边框宽度分别为3px、2px、5px、2px*/
    border-style:dotted solid double;  /*上、右、下、左边框样式分别为点线、实线、
双实线、实线*/
    border-color: #333 green;   /*上、右、下、左边框颜色分别为黑色、绿色、黑色、绿色*/
    }
</style>
</head>
<body>
  <p class="box4">勤劳一日,可得一夜安眠；勤劳一生,可得幸福长眠。</p>
</body>
```

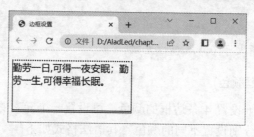

图 5-7　边框样式设置

注意：

定义边框样式时，需要把 border-style 属性的声明放到 border-color 属性之前，元素必须在改变颜色之前获得边框。

4. border(边框综合属性设置)

用复合属性 border-top、border-right、border-bottom 和 border-left 设置一条边框的样式，其语法格式如下。

```
border-top: border-width border-style border-color
```

【说明】这是上边框的复合样式，其他各边框的设置方法与此相同。

例如：

```
border-bottom:2px solid #999;              /*下边框样式为 2px 的灰色实线*/
```

用 border 属性设置 4 条边框共同的样式，其语法格式如下。

```
border:border-width border-style border-color      /*四条边框的样式*/
```

例如：

```
border:1px solid green;              /*四条边框都是 1px 的绿色实线*/
```

【例 5-2-5】边框样式综合设置。在例 5-2-4 中，修改.box4 中定义的边框样式，用复合属性进行设置，代码如下。

```
.box4{
    width:250px;                    /*宽度为 250px*/
    height:100px;                   /*高度为 100px*/
    border-top:3px dotted #333;     /*上边框 3px，点线，黑色*/
    border-right:2px solid green;   /*右边框 2px，实线，绿色*/
    border-bottom: 5px double #333; /*下边框 5px，双实线，黑色*/
    border-left:2px solid green;    /*左边框 2px，实线，绿色*/
}
```

5.2.4 盒子模型的边距属性

CSS 的边距属性包括"内边距"和"外边距"两种，进行页面布局时，经常需要对盒子的内外边距进行设置。

盒子模型的边距
属性.mp4

1. padding(内边距)

内边距指的是元素内容与边框之间的距离，也常常称为内填充。内边距的设置属性有 padding-top(上内边距)、padding-right(右内边距)、padding-bottom(下内边距)和 padding-left (左内边距)，可以分别设置，也可以用 padding 属性一次设置所有内边距，其语法格式如下。

```
padding-top : auto | length
padding-right : auto | length
padding-bottom : auto | length
padding-left : auto | length
padding : 1~4 auto | length
```

参数介绍如下。

● auto：浏览器自动计算内边距。
● length：内边距值，常用取值单位为 px，默认值是 0px，不能为负数。

【说明】使用复合属性 padding 定义内边距时，按顺时针顺序采用值复制的原则，即一个值为所有内边距，两个值为上下/左右内边距，3 个值为上/左右/下内边距。

2. margin(外边距)

外边距指的是元素边框与相邻元素之间的距离。进行网页设计时，要想拉开盒子与盒子之间的距离，合理地布局网页，就需要为盒子设置外边距。外边距的设置属性有 margin-top、 margin-right、margin-bottom 和 margin-left，可以分别设置，也可以用 margin 属性一次设置所有外边距，其语法格式如下。

```
margin-top : auto | length
margin-right : auto | length
margin-bottom : auto | length
margin-left : auto | length
margin : 1~4 auto | length
```

参数介绍如下。

- auto：浏览器自动计算外边距，设置为对边的值。
- length：外边距值，常用取值单位为 px，默认值是 0px，可以为负数。

【说明】(1) 复合属性 margin 取 1~4 个值的情况与 padding 相同，但外边距可以使用负值，使相邻元素重叠。

(2) 对块级元素应用宽度属性 width，并将左右外边距都设置为 auto，可使块级元素水平居中。

【例 5-2-6】块级元素的边距设置。本例在浏览器中的显示效果如图 5-8 所示。

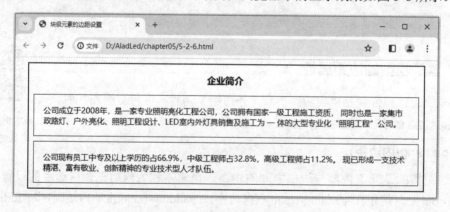

图 5-8 块级元素的边距设置

页面文件 5-2-6.html 的关键代码如下，<p> </p>标签中部分文字省略。

```
<head>
  <title>块级元素的边距设置</title>
  <style>
    h3{ text-align:center;  }          /*h3 标题文字水平居中*/
    .box{
     width:820px;
     height:auto;                      /*高度按实际内容的高度显示*/
     margin:10px auto;                 /*上下外边距为10px，左右水平居中*/
```

```
      border:2px solid #333 ;          /*边框为 2px 的浅黑色实线*/
    }
   p{
      padding:20px;              /*内边距为 20px*/
      margin:10px;               /*外边距为 10px*/
      border:2px solid #333 ;    /*边框为 2px 浅黑色的实线*/
    }
 </style>
</head>
<body>
 <div  class="box">
    <h3>企业简介</h3>
    <p>公司成立于 2008 年，是一家专业照明亮化工程公司，公司拥有国家一级工程……</p>
    <p>公司现有员工中专及以上学历的占 66.9%，中级工程师占 32.8%，高级工程师……</p>
 </div>
</body>
```

【说明】(1) 两个元素垂直相遇时，外边距合并。在例 5-2-6 中，两个段落之间的外边距是 10px 而不是 20px。

(2) 对块级元素应用宽度属性 width，并将左右外边距都设置为 auto，可使块级元素水平居中(图 5-8 中的 div 分区水平居中)。

5.2.5　盒子模型圆角边框设置

在网页设计中，经常需要设置圆角边框，运用 CSS3 中的 border-radius 属性能实现圆角边框的效果，其语法格式如下。

盒子模型圆角
边框设置.mp4

```
border-radius:1~4 length |% / 1~4 length |%
```

参数介绍如下。

● length：自定义圆角半径的大小，常用取值单位为 px。
● %：以百分比定义圆角半径的大小。
● /前的参数表示圆角的水平半径，/后的参数表示圆角的垂直半径，两个参数之间用"/"隔开。如果只有一个参数，则水平半径和垂直半径相同。

【说明】在上面的语法格式中，4 个属性值按顺序设置盒子的左上角、右上角、右下角和左下角 4 个圆角半径。属性值遵循值复制的原则，可以设置 1~4 个值，具体如下。

● 水平半径参数和垂直半径参数只有一个值，则 4 个角的圆角半径设置相同的值。
● 水平半径参数和垂直半径参数有两个值，则第一个值设置左上和右下的圆角半径，第二个值设置右上和左下的圆角半径。
● 水平半径参数和垂直半径参数有 3 个值，则第一个值设置左上的圆角半径，第二个值设置右上和左下的圆角半径，第三个值设置右下的圆角半径。
● 水平半径参数和垂直半径参数有 4 个值，则第一个值设置左上的圆角半径，第二个值设置右上的圆角半径，第三个值设置右下的圆角半径，第四个值设置左下的圆角半径。

【例 5-2-7】设置图片的边框为圆角。本例在浏览器中的显示效果如图 5-9 所示，页面文件 5-2-7.html 的关键代码如下。

```
<head>
<title>圆角边框</title>
  <style>
  img{
     width:450px;                    /*宽度为 450px*/
     height:240px;                   /*高度为 240px*/
     border:3px solid #B8860B;       /*边框为 3px 的棕黄色实线*/
     border-radius:20px;             /*圆角半径为 20px*/
   }
  </style>
</head>
<body>
  <img src="img/pic1.jpg" >
</body>
```

【说明】上面代码中的圆角半径只有一个属性值，因此 4 个角的圆角半径相同。因为只有一个参数，所以水平半径和垂直半径相同，都是 20px。

【例 5-2-8】为 4 个角设置不同的圆角边框，本例页面 5-2-8.html 的浏览效果如图 5-10 所示。

图 5-9　圆角边框　　　　　　　　　　　图 5-10　四角不同的圆角边框

修改例 5-2-7 中的代码，为四个角设置不同的圆角半径，代码如下。

```
border-radius: 10px 60px/10px 40px;
```

【说明】上面代码中，设置左上和右下圆角的水平半径为 10px、垂直半径为 10px，右上和左下圆角的水平半径为 60px、垂直半径为 40px。

5.2.6　盒子阴影

在网页制作中，有时需要为盒子添加阴影效果。CSS3 的 box-shadow 属性可为边框添加一个或多个阴影，其语法格式如下。

盒子阴影.mp4

```
box-shadow: h-shadow v-shadow blur spread color inset
```

参数介绍如下。

● **h-shadow**：水平阴影的位置，允许负值，必需。

- v-shadow：垂直阴影的位置，允许负值，必需。
- blur：模糊距离，可选。
- spread：阴影的尺寸，可选。
- color：阴影的颜色，可选。
- inset：将外部阴影(outset)改为内部阴影，可选。

【说明】box-shadow 可向边框添加一个或多个阴影。多个阴影时，由逗号分隔，每个阴影由 2~4 个长度值、可选的颜色值以及可选的 inset 参数规定。省略长度的值是 0。

【例 5-2-9】 制作投影按钮。本例在浏览器中的显示效果如图 5-11 所示，页面文件 5-2-9.html 的关键代码如下。

```
<head>
  <title>投影按钮</title>
  <style>
  a{
    display: block;                  /*块级元素显示*/
    width:100px;
    height:30px ;
    border:1px solid #B8860B;        /*边框为 1px 的棕黄色实线*/
    border-radius: 3px;              /*圆角半径为 3px*/
    box-shadow:2px 2px 2px 1px #B8860B;  /*设置向右下投影*/
    text-align:center;               /*文本水平居中*/
    line-height:30px;                /*行高为 30px，实现垂直居中*/
  }
  </style>
</head>
<body>
  <a>网站首页</a>
</body>
```

【说明】代码"box-shadow:2px 2px 2px 1px #B8860B;"设置向右下投影，水平向右 2px，垂直向下 2px，阴影半径 2px，阴影扩展半径 1px，阴影颜色棕黄色，向外投影。

box-shadow 可以设置阴影的投射方向及添加多重阴影效果。

【例 5-2-10】制作立体按钮。本例页面 5-2-10.html 在浏览器中的显示效果如图 5-12 所示。修改例 5-2-9 中的代码，设置投影方向和双重投影，代码如下。

```
box-shadow:2px 2px 2px 1px #B8860B inset,-2px -2px 2px 1px #B8860B inset;
```

图 5-11 投影按钮　　　　　　　　　图 5-12 立体按钮

【说明】上述代码设置向内双重投影，左边框向右投影，上边框向下投影，右边框向左投影，下边框向上投影。

5.2.7 案例制作

案例制作.mp4

【案例：首页——企业新闻】 在 HBuilderX 中制作该页面的过程如下。

(1) 创建项目，将需要的图片文件复制到 img 文件夹中。如果已建项目，将图片素材复制到已建项目的 img 文件夹中即可。

(2) 创建网页结构文件，在当前项目中创建 HTML5 网页文件，文件名为 5-2.html，关键代码如下。

```
<head>
  <title>首页-企业新闻</title>
  <link href="css/6-2.css" type="text/css" rel="stylesheet">
</head>
<body>
  <div class="main_center">
    <h3>企业新闻</h3>
    <ul>
        <li><a href="#">2023 年中国 LED 移动照明市场现状及市场规模预测分析研究报告
</a></li>
        <span class="date">2023-03-30</span>
        <li><a href="">LED 灯具国内业务市场研讨会 LED 灯具国内业务发展会在北京顺利召
开</a></li>
        <span class="date">2023-03-03</span>
        <li><a href="">2022-2027 年中国 LED 显示屏行业市场全景调研及投资价值评估报告
</a></li>
        <span class="date">2023-03-03</span>
        <li><a href="">OLED 照明市场的机会与挑战 -- LEDinside</a></li>
        <span class="date">2023-03-03</span>
        <li><a href="">2023 年移动照明行业整体及细分市场规模研究报告</a></li>
        <span class="date">2023-03-03</span>
        <li><a href="">智能照明进入高速发展，工业及商业为最大应用场景</a></li>
        <span class="date">2023-03-03</span>
    </ul>
  </div>
</body>
```

(3) 创建外部样式文件，在当前项目的 css 文件夹中新建 CSS 文件，文件名为 5-2.css，样式代码如下。

① 定义页面的统一样式。

```
html,body,h3,ul,li,a{
    margin: 0;                      /*外边距为 0px*/
    padding: 0;                     /*内边距为 0px*/
    }
body{                               /*设置页面的整体样式*/
  font-family: "微软雅黑";          /*字体为"微软雅黑"*/
  font-size:13px;                   /*文字大小为 13px*/
  color:#333;                       /*文字颜色为灰色*/
}
```

② 定义企业新闻盒子的样式。

```
.main_center{
  width:400px;
  border-left:3px solid #DDD ;          /*左边框为 3px 的浅灰色实线*/
  border-right:3px solid #DDD ;         /*右边框为 3px 的浅灰色实线*/
  margin-bottom:10px;                   /*下外边距为 10px*/
  float:left;
  padding:0px 20px;                     /*上、下内边距为 0px，左、右内边距为 20px*/
  margin-top:20px ;                     /*上外边距为 20px*/
  margin-left:20px;
}
```

③ 定义 h3 标题的样式。

```
h3{
  font-size:16px;
  color:#545861;
  font-weight:500;                      /*文字粗细为 500*/
  margin-bottom:12px ;                  /*下外边距为 120px*/
}
```

④ 定义新闻列表的样式。

```
.main_center ul li{                     /*列表项的样式*/
  border-top:1px dotted #999999;        /*上边框为 1px 的灰色点线*/
  padding:5px 0px;                      /*上、右、下、左内边距依次为 5px、0px、5px、0px*/
  white-space:nowrap;                   /*强制文本不能换行*/
  overflow:hidden;                      /*隐藏溢出文本*/
  text-overflow:ellipsis;               /*溢出文本被裁剪，显示省略标记*/
  line-height:19px;                     /*行高为 19px*/
  list-style-position: inside;          /*列表项标记放置在文本以内*/
  list-style-image: url("..            /img/triangle-icon-blue.jpg");   /*使用图像
来替换列表项的标记*/
  list-style-type:square;               /*规定一个list-style-type属性以防图像不可用*/
}
```

⑤ 定义日期的样式。

```
.main_center.date{
  color:#999999;
  display:block;                        /*块级元素*/
  margin:0 0 10px 10px;                 /*上、右、下、左外边距依次为 0px、0px、10px、10px*/
}
```

⑥ 定义无序列表中超链接的样式。

```
ul a{
  text-decoration:none;                 /*文本无修饰*/
  color:#333333;
}
ul a:hover{
  color:red;
```

```
    text-decoration:underline;    /*加下划线*/
}
```

(4) 在浏览器中浏览网页，效果如图 5-2 所示。

【案例说明】(1) 本例中"企业新闻"模块左右两侧的竖线，是通过设置"class=main_center"的 div 盒子的左右边框实现的。

(2) 每条新闻上面的点线，是通过设置无序列表项 li 的上边框实现的。

(3) 通过定义各个元素的内外边距，实现布局的美化。

5.3 背景属性

在网页设计中，经常使用纯色或图像作为元素的背景来丰富页面的视觉效果。

5.3.1 教学案例

【案例展示】网页头部设计。

使用 CSS 文本、图片和背景的知识，设计网页头部局部页面，本例文件 5-3.html 在浏览器中的显示效果如图 5-13 所示。

背景属性教学案例.mp4

图 5-13 网页头部局部页面

【知识要点】盒子背景颜色、背景图片的设置。

【学习目标】掌握盒子背景属性的设置方法。

5.3.2 background 属性

background 用于设置元素盒子的背景属性，属性如下。

● background-color：设置背景颜色。

● background-image：设置背景图像。

background 属性.mp4

● background-repeat：设置如何平铺背景图像。

● background-position：设置背景图像的位置。

● background-size：设置背景图像的尺寸。

● background-origin：设置背景图像的定位区域。

● background-clip：设置背景的绘制区域。

● background-attachment：设置背景图像是固定还是随页面滚动。

设置背景时，建议使用 background 属性，而不是分别使用单个属性，因为这个属性在较老的浏览器中能够得到更好的支持，而且需要输入的代码也更少。下面逐个介绍这些属性的用法。

1. background-color(背景颜色)

background-color 属性用于设置背景颜色，其语法格式如下。

```
background-color: color | transparent
```

参数介绍如下。

● color：指定颜色，可使用预定义的颜色值、十六进制值# RRGGBB 或 rgb 函数 rgb(r,g,b)。

● transparent：默认值，即背景透明，此时子元素会显示其父元素的背景。

【说明】background-color 不能继承，如果一个元素没有指定背景色，背景就是透明的，会显示其父元素的背景。

【例 5-3-1】　背景颜色设置。本例在浏览器中的显示效果如图 5-14 所示，页面文件 5-3-1.html 的关键代码如下。

```
<head>
  <title>背景颜色设置</title>
  <style>
    h3{
      text-align:center;                      /*文字水平居中*/
    }
    body{
      background-color: #EEEEEE;              /*页面背景颜色*/
    }
    p{
      border:5px dotted #333;                /*边框是 5px 的浅黑色点线*/
      padding:20px;                          /*内边距为 20px*/
      background-color:rgb(220,230,230);     /*段落的背景颜色*/
    }
  </style>
</head>
<body>
  <h3>企业简介</h3>
  <p>公司成立于 2008 年,是一家专业照明亮化工程公司,公司拥有国家一级工程施工资质,同时
也是一家集市政路灯、户外亮化、照明工程设计、LED 室内外灯具销售及施工为一体的大型专业化"照明
工程"公司。</p>
</body>
```

【说明】(1) 标题文本没有设置背景色，默认为透明背景(transparent)，显示其父元素的背景颜色。

(2) 背景颜色设置包括元素盒子的内边距和边框。

2. background-image(背景图像)

background-image 属性用于设置背景图像，其语法格式如下。

```
background-image : url(url) | none
```

参数介绍如下。

● url：表示要插入背景图片的路径。

● none：表示不加载图片。

【例 5-3-2】背景图像设置，本例文件 5-3-2.html 的浏览效果如图 5-15 所示。

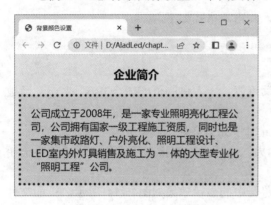

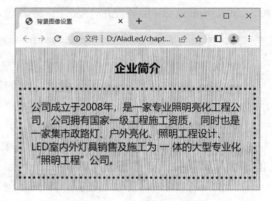

图 5-14　背景颜色设置　　　　　　　　　　图 5-15　背景图像设置

在例 5-3-1 的基础上，修改 CSS 样式，代码如下。

```
<style>
  h3{
    text-align: center;                      /*文字水平居中*/
    }
  body{
    background-image:url(img/bg1.jpg);       /*设置背景图像*/
    }
  p{
    border:5px dotted #333;                  /*边框是 5px 的浅黑色点线*/
    padding:20px;                            /*内边距为 20px*/
    }
</style>
```

【说明】当背景图像小于应用该背景的盒子时，背景自动沿水平和垂直方向平铺。

3. background-repeat(设置背景平铺)

默认情况下，背景图像会自动沿着水平和垂直两个方向平铺。如果不希望图像平铺或者只沿着一个方向平铺，可以通过 background-repeat 属性来控制，其语法格式如下。

```
background-repeat : repeat | no-repeat | repeat-x | repeat-y
```

参数介绍如下。

● repeat：沿水平和垂直两个方向平铺(默认值)。

● no-repeat：不平铺(图像位于元素的左上角，只显示一次)。

● repeat-x：只沿水平方向平铺。

● repeat-y：只沿垂直方向平铺。

【例 5-3-3】设置背景图像不平铺。本例文件 5-3-3.html 的浏览效果如图 5-16 所示。在例 5-3-2 的基础上，修改<body>标签的 CSS 样式，代码如下。

```
body{
    background-image: url(img/bg2.jpg);       /*设置背景图像*/
    background-repeat: no-repeat;             /*背景不平铺*/
}
```

【说明】设置背景图像不平铺时，背景图像位于所在盒子的左上角。本例中<body>的背景图像设置为 no-repeat，背景图像位于 HTML 页面的左上角。

【例 5-3-4】设置背景图像水平平铺。本例文件 5-3-4.html 的浏览效果如图 5-17 所示。

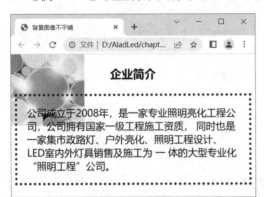 

图 5-16　背景图像不平铺　　　　图 5-17　背景图像水平平铺

在例 5-3-3 的基础上，修改<body>标签的 CSS 样式，代码如下。

```
body{
    background-image: url(img/bg2.jpg);       /*设置背景图像*/
    background-repeat:repeat-x;               /*背景水平平铺*/
}
```

4. background-position(设置背景位置)

在网页中设置背景图像时，默认以元素盒子的左上角为基准点开始显示背景。可以使用 CSS 的 background-position 属性设置背景图像的起始位置，其语法格式如下。

```
background-position:length | length
```

或

```
background-position:position | position
```

参数介绍如下。

● length：百分比或者由数字和单位标识符组成的长度值。

● position：可选值有 top、center、bottom、left、center 和 right。

【说明】利用百分比和长度来设置图片位置时，都要指定两个值，并且这两个值要用空格隔开。它们一个代表水平位置，另一个代表垂直位置。

设置背景定位有以下 3 种方法。

(1) 使用关键字指定背景图像在元素盒子中的对齐方式。其中水平方向值有 left、center、right，垂直方向值有 top、center、bottom。两个关键字的顺序任意，若只有一个值，则另一个默认为 center。

例如，设置背景在盒子顶部中间显示，代码如下。

```
background-position:center top;
```

(2) 使用长度进行背景定位时，最常用的长度单位是像素(px)，可直接设置图像左上角在元素盒子中的位置。

例如，设置背景在距盒子左侧 30px、距顶部 50px 的位置开始显示，代码如下。

```
background-position:30px 50px;
```

(3) 使用百分比进行背景定位时，其实是将背景图像按百分比指定的位置和元素的百分比位置对齐。

例如，设置背景与盒子的左上角对齐显示，代码如下。

```
background-position:0% 0%;
```

又如，设置背景与盒子的中央对齐显示，代码如下。

```
background-position:50% 50%;
```

【例 5-3-5】背景图像定位，本例文件 5-3-5.html 的浏览效果如图 5-18 所示。

在例 5-3-3 的基础上，修改<body>标签的 CSS 样式，增加背景图像定位功能，代码如下。

```
body{
  background-image:url(img/bg2.jpg);        /*设置背景图像*/
  background-repeat:no-repeat;              /*背景不平铺*/
  background-position:50% top;              /*背景水平居中、垂直顶端对齐显示*/
}
```

5. background-size(设置背景图像的尺寸)

background-size 属性用于设置背景图像的尺寸，其语法格式如下。

```
background-size : length | percentage | cover | contain
```

参数介绍如下。

- length：设置背景图像的高度和宽度。第一个值设置宽度，第二个值设置高度。如果只设置一个值，则第二个值会被设置为 auto。
- percentage：以父元素的百分比来设置背景图像的宽度和高度。第一个值设置宽度，第二个值设置高度。如果只设置一个值，则第二个值会被设置为 auto。
- cover：把背景图像扩展至足够大，以完全覆盖背景区域。背景图像的某些部分也许不会显示在元素盒子中。
- contain：将背景图像扩展至最大尺寸，使其宽度和高度完全适应内容区域。元素盒子的某些区域可能没有背景图像。

【例 5-3-6】设置背景图像大小，本例文件 5-3-6.html 的浏览效果如图 5-19 所示。

在例 5-3-3 的基础上，修改<body>标签的 CSS 样式，设置背景图像大小，代码如下。

```
body{
  background-image: url(img/bg2.jpg);    /*设置背景图像*/
  background-repeat:no-repeat;           /*背景不平铺*/
  background-size:cover;                 /*设置背景大小完全覆盖背景区域*/
}
```

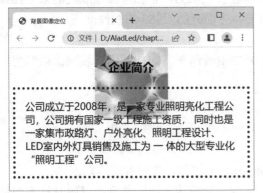

图 5-18　背景图像定位显示

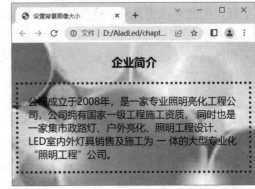

图 5-19　设置背景图像大小

6. background(设置背景的复合属性)

在 CSS 中，background 属性是复合属性，可以将背景相关的样式综合定义在复合属性 background 中。使用 background 属性综合设置背景样式的语法格式如下。

```
background : [background-color] [background-image] [background-repeat]
[background-position][background-size]
```

在上面的语法格式中，各个样式顺序任意，对于不需要的样式可以省略。

【例 5-3-7】用复合属性实现例 5-3-5 的显示效果，并增加背景颜色。本例文件 5-3-7.html 的浏览效果如图 5-20 所示。

图 5-20　设置背景颜色和背景图像的复合属性

在例 5-3-5 的基础上，修改<body>标签的 CSS 样式，代码如下。

```
body{
  background:#CCEECC url(img/bg2.jpg) no-repeat 50% top;
}
```

5.3.3 CSS 渐变背景

CSS 渐变背景.mp4

CSS 渐变是 CSS3 中新增的<image>类型。使用 CSS 渐变可以在两种颜色间产生平滑的渐变效果，用它代替图片，可以加快页面的载入时间，减小带宽占用。同时，因为渐变是由浏览器直接生成的，它在页面缩放时的效果比图片更好，因此可以更灵活、便捷地调整页面布局。下面介绍 CSS3 的线性渐变。

1. 线性渐变

在线性渐变过程中，指定颜色从起始颜色开始沿着渐变方向按顺序过渡到结束颜色，其语法格式如下。

```
background : linear-gradient(direction | angle, color1 [position1],…,colorn [position])
```

参数介绍如下。

- direction: to 加 left、right、top 和 bottom 等关键词，表示渐变方向。
- angle: 渐变角度，单位为 deg，指水平线与渐变线之间的角度，以顺时针方向旋转。0deg 表示创建从底部到顶部的垂直渐变，90deg 表示创建从左到右的水平渐变。
- color: 颜色值，用于设置渐变颜色，其中 color1 表示起始颜色，colorn 表示结束颜色。起始颜色和结束颜色之间可以添加多个颜色值，各颜色值之间用 " , " 隔开。
- position: 颜色停止位置，一般使用百分比位置。

【说明】不设置渐变角度时，默认为180deg，等同于 to bottom；不设置颜色停止位置时，颜色自动均匀地隔开。

【例 5-3-8】设置渐变背景，本例文件 5-3-8.html 的浏览效果如图 5-21 所示。

在例 5-3-7 的基础上，修改 CSS 样式，为<body>和<p>设置渐变背景，CSS 代码如下。

```
<style>
    html,body,h3,p{padding:0; margin:0; }
    html,body{
        width:100%;
        height:100%;
    }
    h3{
        padding:15px;                   /*内边距15px*/
        text-align: center;             /*文字水平居中*/
    }
    body{
     background: linear-gradient(to top,#fff,#0FF);    /*自下向上的渐变背景*/
    }
    p{
        width:300px;
        border: 5px dotted #333;        /*边框是5px浅黑色点线*/
        padding:20px;                   /*内边距20px*/
        background:linear-gradient(90deg,#FC0,#FFF 70%,#BB0);  /*自左向右的
渐变背景*/
```

```
        margin: 10px auto;
    }
</style>
```

【**说明**】在"background:linear-gradient(90deg,#FC0,#FFF 70%,#BB0);"设置的渐变颜色中，第一个和最后一个颜色没有指定位置，位置值 0%和 100%将分别自动分配给第一个和最后一个颜色。中间的颜色指定 70%的位置，直到该位置结束，把剩下的部分留给底部。

2. 重复线性渐变

重复线性渐变的语法格式如下。

```
background : repeating-linear-gradient(direction | angle, color1 [position1],…, colorn [positionn])
```

参数：参考线性渐变的介绍。

【**例 5-3-9**】设置重复线性渐变背景，为两个 div 盒子分别设置不同的渐变背景。本例文件 5-3-9.html 的浏览效果如图 5-22 所示，关键代码如下。

```
<head>
  <title>重复线性渐变</title>
  <style>
    .d1,.d2{
        border:1px solid #333;
        margin:5px ;
        width:300px;
        height: 200px;
    }
    .d1{background: repeating-linear-gradient(-45deg, red, red 5px, white 5px, white 10px);}
    .d2{background: repeating-linear-gradient(0deg, blue, white 5%, #0FF 10%);}
  </style>
</head>
<body>
  <div class="d1"></div>
  <div class="d2"></div>
</body>
```

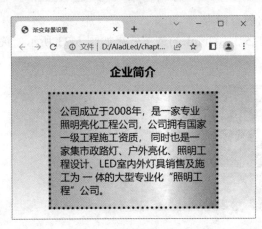

图 5-21　设置渐变背景　　　　　　图 5-22　重复线性渐变

5.3.4 背景和图像不透明度设置

不透明度的设置.mp4

在进行网页制作时,如果希望背景或图像有滤镜(模糊)效果,可以通过设置不透明度来实现。CSS 通过引入 RGBA 模式和 opacity 属性,可对背景与图片进行不透明度设置。

1. RGBA 模式

RGBA 是 CSS3 新增的颜色模式,是 RGB 颜色模式的延伸,在红、绿、蓝三原色的基础上添加了不透明度参数,其语法格式如下。

```
rgba(r,g,b,a)
```

参数介绍如下。

- r:红色值,取值 0~255 或 0%~100%。
- g:绿色值,取值 0~255 或 0%~100%。
- b:蓝色值,取值 0~255 或 0%~100%。
- a:alpha 透明度。取值为 0.0(完全透明)和 1.0(完全不透明)之间的数字。

例如:

```
background:rgba(144,238,144,0.5);    /*半透明的青苹果绿*/
border:2px solid rgba(0,0,0,0.3);    /*边框粗细为 2px、实线、黑色、0.3 透明度*/
```

【说明】rgba()只作用于元素的颜色或背景色。设置了 rgba 透明的元素的子元素不会继承透明效果。

2. opacity 属性

在 CSS3 中,可以使用 opacity 属性设置元素呈现出透明效果,其语法格式如下。

```
opacity : value
```

其中 value 为不透明度的值,取值为 0.0(完全透明)和 1.0(完全不透明)之间的数字。
例如:

```
div{opacity:0.6; } /*定义 div 元素的不透明度为 0.6*/
```

【说明】opacity 作用于元素及元素内所有内容。

【例 5-3-10】设置透明度,本例文件 5-3-10.html 的浏览效果如图 5-23 所示,关键代码如下。

图 5-23　透明度设置效果

.d1 样式的背景设置如下。

```
background:linear-gradient(to right, rgba(255,255,255,0), rgba(255,255,255,1)),
url(img/bg4.jpg);
```

.d2 样式的背景设置如下。

```
background:url(img/bg4.jpg);
```

.d3 样式的背景设置如下。

```
background:url(img/bg4.jpg);
opacity:0.5;
```

5.3.5　案例制作

【案例：网站头部设计】在 HBuilderX 中制作该页面的过程如下。

案例制作.mp4

(1) 创建项目，将需要的图片文件复制到 img 文件夹中。如果已建项目，将图片素材复制到已建项目的 img 文件夹中即可。

(2) 创建网页结构文件，在当前项目中创建 HTML5 网页文件，文件名为 5-3.html，关键代码如下。

```
<body>
    <header>
        <img class="header-left" src="img/logo.png" >
        <div class="header-right">
         <a href=""><img src="img/wechat1.png"/>官方微信</a> <span
style="color:#930">|</span>
            <a  href=""  target="_blank"> 管 理 员 登 录 </a> <span
style="color:#930">|</span>
             <a href="" target="_blank">会员注册</a>
        </div>
        <div class="header-text">照明材料</div>
  </header>
</body>
```

(3) 创建外部样式文件，在当前项目的 css 文件夹中新建 CSS 文件，文件名为 5-3.css，样式代码如下。

① 定义页面的统一样式。

```
*{ padding: 0;  margin: 0;  }
```

② 设置页面整体样式。

```
body{
    width:1100px;              /*宽度 1100px*/
    margin:0 auto;            /*页面自动居中对齐*/
    font-family: "微软雅黑";    /*字体为"微软雅黑"*/
    font-size:13px;           /*文字大小为 12px*/
    color:#333;               /*文字颜色为灰色*/
  }
```

③ 定义网页头部的CSS样式，设置背景颜色和背景图像，其中背景图像离顶部50px。

```
header {
  height:250px;                              /*高度为 250px*/
  background-color:#FFFFEE;                  /*背景颜色*/
  background-image:url(../img/banner.jpg);   /*背景图像*/
  background-repeat: no-repeat;              /*背景图像不平铺*/
  background-position: center 50px;          /*背景图像位置左右居中,离顶部 50px*/
  }
```

④ 定义网站Logo、官方微信、管理员登录和会员注册超链接的样式。

```
.header-left{                /*logo 图片的高度*/
  height:50px;               /*高为 50px*/
    }
.header-right{
  width:250px;
  line-height:50px;          /*行高为 50px*/
  float:right;               /*向右浮动*/
  }
.header-right  img{          /*微信图标的样式*/
  width:25px;  height:21px;
  }
.header-right  a{            /*普通链接和访问过的链接的样式*/
  text-decoration:none;      /*文本无修饰*/
  color:#111111;
  }
```

⑤ 定义头部文本"照明材料"的CSS样式，它通过外边距设置显示位置。

```
.header-text{                /*文字样式*/
  font-size:44px;
  color:#4FAC00;
  margin-top:40px;
  margin-left:80px;
}
```

(4) 在浏览器中浏览网页，显示效果如图 5-13 所示。

【案例说明】(1) 网页头部的背景颜色和背景图像，可以用设置背景的复合属性的方法实现："background:#FFFFEE url(../img/banner.jpg) no-repeat center 50px;"。

(2) 背景图片离网页顶部 50px，用来显示网站 Logo、官方微信等内容。

5.4 实 践 训 练

【实训任务】设计工程案例——客户案例局部页面。本例文件 5-4.html 在 Chrome 浏览器中的显示效果如图 5-24 所示。

实践训练.mp4

图 5-24　工程案例——客户案例局部页面

【知识要点】盒子模型的基本属性、背景颜色及背景图像的设置方法，列表类型、列表项目符号及位置的属性设置方法。

【实训目标】掌握盒子模型各属性的功能，并能通过定义盒子模型的各个属性来美化页面；掌握背景颜色的定义方法，掌握 CSS 设置列表样式的常用属性和方法。

5.4.1　任务分析

1. 页面结构分析

根据页面效果图和经验分析得出，页面包括标题和一组客户案例，每一个客户案例由图片和文字组成。

网页标题设置了渐变背景，客户案例由无序列表实现，每一个列表项都包含图片和文字。

2. CSS 样式分析

(1) 标题在 DIV 盒子中，为了美观，标题设置了渐变背景、下边框等。

(2) 客户案例由无序列表实现，列表项设置为行内块级元素实现横向显示，通过设置无序列表、列表项和图片的宽度、高度、边距等属性，实现如图 5-24 的显示效果。

5.4.2　任务实现

1. 创建页面文件

(1) 启动 HBuilderX，将需要的图片资料复制到当前项目的 img 文件夹中。

(2) 在当前项目中新建一个 HTML5 文档，文件名为 5-4.html，页面文件结构代码如下。

```html
<head>
    <title>客户案例展示</title>
    <link href="css/5-4.css" type="text/css" rel="stylesheet">
</head>
<body>
<div class="tt">
    <h3>客户案例</h3>
</div>
    <div class="works">
        <ul>
            <li>
                <a href="#"><img src="img/works_1.jpg"/></a>
                <p class="works_name">城市公园草坪景观灯亮化工程</p>
                <p class="info">竣工时间 <span class="date">2021-03-21
</span>  投资 <span class="num">&yen;8.73 万</span></p>
            </li>
            <li>
                <a href="#"><img src="img/works_2.jpg"/></a>
                <p class="works_name">银杏叶文化元素景观灯工程</p>
                <p class="info">竣工时间 <span class="date">2020-07-06
</span>  投资 <span class="num">&yen;11.32 万</span></p>
            </li>
            <li>
                <img src="img/works_3.jpg"/>
                <p class="works_name">城市公园景观路灯夜景工程</p>
                <p class="info">竣工时间 <span class="date">2021-08-06
</span>  投资 <span class="num">&yen;8.73 万</span></p>
            </li>
            <li>
                <img src="img/works_4.jpg"/>
                <p class="works_name">红色文化广场景观灯工程</p>
                <p class="info">竣工时间 <span class="date">2020-06-21
</span>  投资 <span class="num">&yen;11.08 万</span></p>
            </li>
            <li>
                <img src="img/works_5.jpg"/>
                <p class="works_name">大型园林户外景观路灯工程</p>
                <p class="info">竣工时间 <span class="date">2022-03-06
</span>  投资 <span class="num">&yen;7.32 万</span></p>
            </li>
            <li>
                <img src="img/works_6.jpg"/>
                <p class="works_name">日照水上运动中心景观路灯工程</p>
                <p class="info">竣工时间 <span class="date">2022-03-28
</span>  投资 <span class="num">&yen;4.17 万</span></p>
            </li>
        </ul>
```

```
        </div>
</body>
```

2. 创建 CSS 样式文件

创建外部样式文件，在当前项目的 css 文件夹中新建一个 CSS 文件，文件名为 5-4.css，样式代码如下。

(1) 定义元素的默认边距。

```
body,div,ul,li,h3,p,img {padding:0;margin:0;}
```

(2) 定义标题样式。定义标题所在div盒子的样式.tt和标题文本h3的样式。

```
.tt{       /*标题所在 div 盒子的样式*/
    height: 40px;
    width:830px;
    margin-left:15px ;                    /*左外边距 15px*/
    border-bottom: 2px solid #D6D6D6;   /*下边框样式，用下边框实现水平线效果*/
    background: linear-gradient(#cef,#fff);    /*渐变背景*/
}
h3{
    font-weight: 500;
    font-size:16px ;
    border-bottom:2px solid #0091D8;      /*下边框样式，实现标题下面的横线效果*/
    width:90px;                           /*标题空间长度 90px*/
    padding: 10px 0 9px 5px;           /*内边距上、右、下、左分别是 10px、0、9px、5px*/
}
```

(3) 定义无序列表所在盒子的样式。

```
.works{
    width:825px;
    height: auto;
    margin: 20px 0 0 20px;
}
```

(4) 定义无序列表的 CSS 样式，不显示项目列表符号。通过设置 li 的宽度、内边距和外边距等属性，实现合理的布局效果。为 li 设置属性 "display: inline-block;"，实现 li 列表项的横向排列。设置内边距为 3px，使各个列表项的内容(图片和文字)和边框保持 3 个像素的距离。

```
.works ul{
    list-style: none;                 /*不显示项目列表符号*/
}
.works ul li{
    width: 263px;
    display: inline-block;            /*定义行内块级元素*/
    border:1px solid #D6D6D6;
    padding: 3px;                     /*内边距，上、下、左、右都是 3px*/
    margin-bottom:15px ;              /*下外边距为 15px*/
}
```

(5) 设置图片的宽度和高度。

```
.works img{
    width:263px;
    height:190px;
}
```

(6) 设置文本信息的样式。为了突出显示，为不同的文本定义不同的颜色。

```
.works .works_name,.info{
    font-size: 13px;
    line-height: 23px;
    margin-left: 3px;
}
.works .works_name{   font-weight: 600;    }
.works .info{   color: #777777;    }
.works .info .date{
    color: #00AADD;
}
.works .info .num{   color:#FF0000;    }
```

3. 浏览网页

在 Chrome 浏览器中浏览网页，效果如图 5-24 所示。

【实训说明】本例主体部分由无序列表实现。用无序列表显示一组元素，这是页面布局中经常用到的技术，需要认真设计每个元素的大小和内外边距。

5.5 拓 展 知 识

1. 盒子背景显示区域设置。
2. 设置多重背景图像。
3. 径向渐变背景。

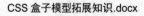

CSS 盒子模型拓展知识.docx

拓展知识.mp4

5.6 本 章 小 结

本章全面讲述了盒子模型的各种属性及其设置方法。首先介绍了盒子模型的基本概念；接下来介绍了盒子的各种外观属性及其设置方法，包括盒子的宽高、边框属性、边距属性等；之后介绍了盒子的背景属性及其设置方法，包括背景颜色、背景图像、渐变背景等；最后通过案例制作，演示了如何在网页中灵活设置盒子元素的各种属性，以达到合理的显示效果。

5.7　练　习　题

课后练习题.docx

一、选择题(请扫右侧二维码获取)

二、综合训练题

1. 使用盒子模型的属性，设计如图 5-25 所示的首页联系方式局部页面。

2. 使用 CSS 对页面中的元素进行修饰，完成后的效果如图 5-26 所示。

图 5-25　首页联系方式局部页面

图 5-26　相框制作

3. 使用 CSS 对页面中的元素进行修饰，在背景图片上显示文字"学习二十大，永远跟党走，奋进新征程"，完成后的效果如图 5-27 所示。

4. 使用 CSS 设计如图 5-28 所示的播放按钮。

图 5-27　背景设置

图 5-28　播放按钮

5. 使用提供的图片素材和 CSS 背景属性的知识，设计如图 5-29 所示的网页头部局部页面。

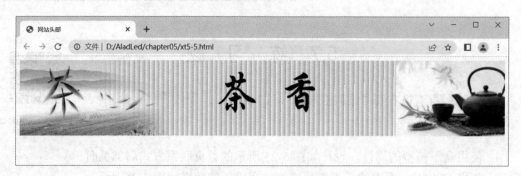

图 5-29　网页头部局部页面

第 **6** 章

CSS3 选择器

本章要点

　　选择器是一种模式，用于选择需要添加样式的元素。在进行网页设计时，使用选择器来选择某些元素进行样式定义，可实现灵活的样式控制。本章将具体介绍常用的 CSS3 选择器的功能和用法。

学习目标

- 掌握属性选择器的用法，能运用属性选择器选择页面上的元素来添加样式。

- 掌握常用的伪类选择器的用法，能够为名称相同或类型相同的子元素定义不同的样式。

- 掌握伪元素选择器的用法，能够在页面上的特定位置插入需要的文字或图片。

- 掌握链接伪类的用法，能够用链接伪类实现页面上超链接的特效。

- 培养严谨的编程思维和规范的编码风格，用最优技术解决实际问题的能力。

6.1 伪类选择器

伪类选择器是 CSS3 中新增的选择器。常用的伪类选择器有:first-child 选择器、:last-child 选择器、:nth-child(n)选择器、:nth-last-child(n)选择器等。

6.1.1 案例分析

教学案例.mp4

【案例展示】百度新闻——百家号局部页面的设计。要求无序列表的首个列表项增大字号并加粗显示，最后一个列表项底部加点状分隔线。页面文件 6-1.html 在浏览器中的显示效果如图 6-1 所示。

图 6-1 百度新闻——百家号局部页面

【知识要点】字体类型、大小、颜色、对齐方式、行间距、结构化伪类选择器等。

【学习目标】掌握 CSS 文本修饰的常用属性和伪类选择器的作用并灵活应用。

6.1.2 :first-child 和:last-child 选择器

属性选择器 1.mp4

:first-child 选择器用于选取属于其父元素的首个子元素。

:last-child 选择器用于选取属于其父元素的最后一个子元素。

【例 6-1-1】对第一段和最后一段文本分别设置不同的字体、大小和颜色。本例在浏览器中的显示效果如图 6-2 所示，页面文件 6-1-1.html 的关键代码如下。

```html
<html>
    <head>
        <meta charset="utf-8">
        <title>first-child 和 last-child 选择器的使用</title>
        <style type="text/css">
            p:first-child{
                font-size:20px;
                font-family:"隶书";
                color:red;
            }
            p:last-child{
```

```
                font-size: 20px;
                font-family: "微软雅黑";
                color: green;
            }
        </style>
    </head>
    <body>
        <p>社会主义核心价值观</p>
        <p>深入学习领会党的二十大精神</p>
        <p>同心协力重建美丽家园</p>
        <p>做人做事第一位的是崇德修身</p>
    </body>
</html>
```

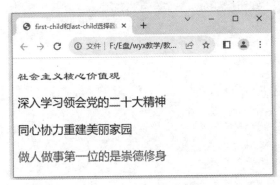

图 6-2 :first-child 和:last-child 选择器的显示效果

6.1.3 :nth-child(n)和:nth-last-child(n)选择器

属性选择器 2.mp4

使用:first-child 和:last-child 选择器,可以选择父元素中的第一个或最后一个元素,但如果想选择其他位置的元素就不可行了。为此,CSS3 中引入了:nth-child(n)和:nth-last-child(n)选择器,用来选择父元素的第 n 个或倒数第 n 个子元素。其中:nth-last-child(1)和:last-child 选择器实现的功能相同。

属性选择器 3.mp4

例如,设置<ul>中的第 3 个列表项以红色显示,代码如下。

```
li: nth-child(3){  color:red;   }
```

又如,选择父元素中的奇数位或偶数位子元素来设置样式,代码如下。

```
:nth-child(odd){ };            /*odd 奇数*/
:nth-child(even){ };           /*even 偶数*/
```

6.1.4 案例制作

案例制作.mp4

【案例】百度新闻——百家号局部页面的设计在 HBuilderX 中制作该页面的过程如下。

(1) 创建项目。

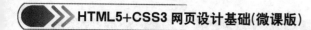

(2) 创建网页结构文件，在当前项目中新建一个 HTML5 网页文件，文件名为 6-1.html。页面文件的关键代码如下。

```html
<head>
  <title>百度新闻-百家号</title>
  <style>
    body{ font-family:"arial" ;    font-size: 14px;    color:#222; }
    #content{  width:300px;        }
    h3{
        margin: 5px;              /*外边距*/
        color: #0091D8;
        }
    ul{
        padding-left: 10px;       /*左内边距10px*/
        margin-top: 10px;         /*上外边距10px*/
        }
    li{
        list-style: none;
        line-height: 30px;
        }
    li:first-child{               /*设置父元素ul中首个li的样式*/
        font-size: 15px;
        font-weight: 600;
        }
    li:last-child{                /*设置父元素ul中最后一个li的样式*/
        border-bottom: 1px  dotted #222;   /*下边框粗细为1px,点线,黑色*/
        }
  </style>
</head>
<body>
  <div id="content">
    <h3>百家号</h3>
    <hr\>
    <ul class="news1">
    <li>硅谷银行覆灭的种子，五年前早已种下</li>
        <li>自动驾驶江湖，清华只手遮天</li>
        <li>火柴棍大小的 LED 手电，连续 64 小时照明</li>
        <li>什么样的光源才能用作可见光通信</li>
        <li>如何运用灯光营造温馨舒适的学习环境</li>
    </ul>
  </div>
</body>
```

【说明】(1) 新闻版块在 DIV 盒子中实现，盒子宽度 300px。

(2) 使用:first-child 和:last-child 伪类选择器时，只有当元素是另一个元素的子元素时才能匹配选择。

高职高专立体化教材计算机系列

6.2　伪元素选择器

CSS 中常用的伪元素选择器有:before 选择器和:after 选择器。

6.2.1　教学案例

【案例展示】超链接按钮的设计。

使用 CSS 设置超链接样式的基本知识，制作网站上的超链接按钮。本例文件 6-3.html 在浏览器中的显示效果如图 6-3 所示。

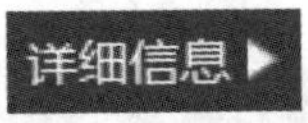

详细信息 ▶

图 6-3　超链接按钮

【知识要点】设置文本样式、伪元素选择器的用法。

【学习目标】掌握使用 CSS 设置文本样式的方法和伪元素选择器的用法。

6.2.2　:before 选择器

:before 选择器用于在被选元素的内容之前插入内容，其格式如下。

```
E:before{
content: "文字"/url();
}
```

content 属性用于指定要插入的内容，可以是用双引号括起来的文本或用 url()指定路径的图片。

【例 6-2-1】在 5.2.1 节案例的基础上，修改网页文件 5-2.html 的 CSS 样式代码，用 CSS 的:before 选择器在列表项前插入三角形图片。

修改 li 的样式，用:before 选择器在动态新闻列表项前插入三角形图片，代码如下。

```
.main_center ul li{
    list-style: none;
    padding-left: 10px;
}
.main_center ul li:before{
    content: url(img/triangle-icon-blue.jpg);
    margin-right: 3px;
}
```

【说明】用 CSS 的:before 选择器在动态新闻列表项之前插入图片，不但简化了页面代码，而且便于统一设置样式。

6.2.3　:after 选择器

nth-child 和 nth-last-child
选择器.mp4

:after 选择器用于在被选元素的内容之后插入内容，其格式如下。

```
E: after{
content: "文字"/url();
}
```

target 选择器.mp4

content 属性的用法同:before 选择器中的 content 属性。

【例 6-2-2】用:after 在新闻标题之后插入日期。本例在浏览器中的显示效果如图 6-4 所示，页面文件 6-2-2.html 的关键代码如下。

```
<head>
    <title>:after 示例</title>
    <style>
        p:after{
            content:"(2023-03-24 )";
            font-size:13px;
            color:red;
            font-style:italic;
        }
    </style>
</head>
<body>
    <p>NEWS:为中国航天事业奋斗终生的追梦人 </p>
</body>
```

图 6-4　:after 示例

6.2.4　案例制作

nth-of-type 和 nth-last-
of-type 选择器.mp4

【案例：超链接按钮设计】在 HBuilderX 中制作该页面的过程如下。

(1) 创建项目，将需要的图片文件复制到 img 文件夹中。如果已建项目，将把图片素材复制到已建项目的 img 文件夹中。

案例制作.mp4

(2) 创建网页结构文件，在当前项目中新建一个 HTML5 网页文件，文件名为 6-2.html，代码如下。

```
<head>
    <title>超链接按钮设计</title>
    <style>
        a{     /*超链接的样式*/
            display:block;
```

```
        width:75px;
        line-height:26px ;
        background-color:#494949;
        font-size:13px;
        color:#FFF ;
        text-decoration:none;
        text-align:center;
        margin-top:15px;
        }
    a:after{                                        /*在超链接后插入内容*/
        content:url(img/triangle-icon-white.png);   /*插入图片*/
        padding-left:5px;                            /*左内边距为 5px*/
        }
    </style>
</head>
<body>
    <a href="#">详细信息</a>
</body>
```

(3) 预览网页，显示效果如图 6-3 所示。

6.3 链 接 伪 类

第 2 章中已经介绍了超链接的基本用法。在定义超链接时，为了提高用户体验，经常需要为超链接设置不同的状态，使得超链接在被单击前、单击后和鼠标悬停时的样式不同。在 CSS 中，可通过链接伪类来设置超链接的不同状态。

超链接 a 的伪类有 4 种，分别是:link、:visited、:hover 和:active，而且需要按照这个顺序设置，否则定义的样式可能不起作用。链接伪类的具体用法如下。

- a:link{CSS 样式}：设置未访问时超链接的状态。
- a:visited{CSS 样式}：设置访问后超链接的状态。
- a:hover{CSS 样式}：设置鼠标经过、悬停时超链接的状态。
- a:active{CSS 样式}：设置鼠标单击不动时超链接的状态。

6.3.1 教学案例

链接伪类.mp4

【案例展示】网页底部导航的设计。

使用 CSS 文本样式和链接伪类的基本知识，制作网页底部的导航部分。本例文件 6-3.html 运行后，链接导航单击前和单击后的效果如图 6-5 所示，鼠标经过和悬停时的效果如图 6-6 所示(为超链接加下划线、文本颜色变为浅灰色)。

网站首页 | 产品中心 | 企业优势 | 联系方式 | 新闻动态

图 6-5 导航效果

| 网站首页 | 产品中心 | 企业优势 | 联系方式 | 新闻动态 |

图 6-6　鼠标经过和悬停时的效果

【知识要点】文本样式定义、链接伪类的应用。

【学习目标】掌握链接伪类的功能和用法。

6.3.2　案例制作

【案例：网页底部导航的设计】6-3.html 的文档代码如下。

案例制作.mp4

```
<head>
  <title>链接伪类应用</title>
  <style>
    .link{
      text-align:center;              /*相对于页面居中*/
      color: #fff;
      background-color:#545861;
      height:40px;
      padding-top:14px;
    }
    .link a:link,a:visited{
      display:inline-block;           /*内联元素*/
      width:100px;
      color: #ffffff;
      padding:0px 28px 0px 28px;      /*上、右、下、左的内边距依次为 0px、28px、0px、
28px*/

      text-decoration:none;           /*链接无修饰*/
    }
    .link a:hover,a:active {          /*鼠标悬停链接的样式*/
      color:#CCC;                      /*浅灰色文字*/
      text-decoration:underline;       /*下划线修饰*/
    }
  </style>
</head>
<body>
  <p class="link">
    <a href="#">网站首页</a>|<a href="#">产品中心</a>|<a href="#">企业优势
</a>|<a href="#">联系方式</a>|<a href="#">新闻动态</a>
  </p>
</body>
```

浏览页面，显示效果如图 6-5 和图 6-6 所示。

【案例说明】(1) 在实际工作中，通常只使用 a:link、a:visited 和 a:hover 来定义访问前、访问后和鼠标悬停时的链接样式。

(2) 除了文本样式外，链接伪类还可以用来控制超链接的背景、透明度和边框等的样式。

6.4 实 践 训 练

实践训练.mp4

【实训任务】新闻动态——公司新闻局部页面设计。

使用 CSS 设置标题和列表项样式，完成公司新闻局部页面的设计，用伪类选择器和伪元素选择器对选择的元素设置样式。网页文件 6-4.html 在浏览器中的预览效果如图 6-7 所示。

【知识要点】文本样式设置、结构化伪类选择器、伪元素选择器等。

【学习目标】掌握文本样式设置方法及伪类选择器和伪元素选择器的用法。

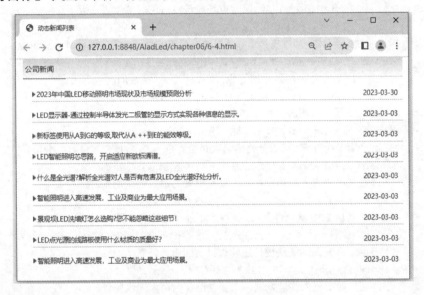

图 6-7 动态新闻列表局部页面

6.4.1 任务分析

1. 页面结构分析

本例中的公司新闻局部页面是网站二级页面主体内容的右侧局部页面部分，盒子中有标题和新闻列表。新闻列表局部页面用 div 设计，标题和新闻列表再用嵌套的 div 实现。

2. CSS 样式分析

新闻列表局部页面 div 容器的样式用#content 定义，宽度为 845px。所有的无序列表不显示默认的列表项目符号。每一个列表项前用伪元素插入一个三角形图片，最后一个列表项不显示下边框线。

6.4.2 任务实现

(1) 创建项目，将需要的图片文件复制到 img 文件夹中。如果已建项目，则将图片素材复制到已建项目的 img 文件夹中。

(2) 创建网页结构文件，在当前项目中新建一个 HTML5 网页文件，文件名为 6-4.html。

在页面上创建一个包含新闻列表内容的 div 容器，在该容器中又包含两个 div，分别用来放置标题和新闻列表项。

```html
<body>
  <div id="content">
    <div class="tt">
      <h3>公司新闻</h3>
    </div>
    <div class="news">
      <ul>
        <li>2023 年中国 LED 移动照明市场现状及市场规模预测分析
        <span class="date">2023-03-30</span></li>
        <li>LED 显示器-通过控制半导体发光二极管的显示方式实现各种信息的显示。
        <span class="date">2023-03-03</span></li>
        <li>新标签使用从 A 到 G 的等级，取代从 A ++到 E 的能效等级。
        <span class="date">2023-03-03</span></li>
        <li>LED 智能照明芯思路，开启适应新欧标通道。
        <span class="date">2023-03-03</span></li>
        <li>什么是全光谱?解析全光谱对人是否有危害及 LED 全光谱好处分析。
        <span class="date">2023-03-03</span></li>
        <li>智能照明进入高速发展，工业及商业为最大应用场景。
        <span class="date">2023-03-03</span></li>
        <li>景观坝 LED 洗墙灯怎么选购?您不能忽略这些细节！
        <span class="date">2023-03-03</span></li>
        <li>LED 点光源的线路板使用什么材质的质量好?
        <span class="date">2023-03-03</span></li>
        <li>智能照明进入高速发展，工业及商业为最大应用场景。
        <span class="date">2023-03-03</span></li>
      </ul>
    </div>
  </div>
</body>
```

(3) 设计 CSS 样式，设置新闻列表局部页面的通用样式和外层 div 容器的样式。新闻列表局部页面 div 容器的样式用#content 定义，宽度为 845px。所有的无序列表不显示默认的列表项目符号。

```css
*{ padding:0;  margin:0;      }
body{
  font-family:"微软雅黑";       /*字体为"微软雅黑"*/
  font-size:14px;             /*文字大小为 14px*/
  color:#333;                 /*文字颜色为灰色*/
}
#content{
  width:845px;                /*宽度为 845px*/
  height:auto;
```

```
}
ul{
  list-style:none;            /*不显示项目列表符号*/
}
```

(4) 设置标题部分的样式。设置.tt 和 h3 样式的下边框线，实现水平线效果，线的长度
用 width(元素长度)控制，通过设置 h3 的下内边距实现两条线重合。

```
.tt{
  height:40px;
  width:830px;
  margin-left:15px ;               /*左外边距为 15px, 830px+15px=845px*/
  border-bottom:2px solid #D6D6D6;  /*下边框样式，用下边框实现水平线效果*/
  background: linear-gradient(#cef,#fff);
}
h3{
  font-weight:500;
  font-size:16px ;
  width:90px;                      /*标题空间长度为 90px*/
  border-bottom:2px solid #0091D8;  /*下边框样式，实现标题下面的横线效果*/
  padding: 10px 0 10px 5px;        /*内边距上、右、下、左分别是 10px、0、10px、5px*/
}
```

(5) 设置新闻列表的样式。定义每个列表项及新闻日期的样式，用列表项的下边框线
实现水平线，用 li:nth-last-child(1){}样式去掉最后一个列表框的下边框线。

```
.news{
  width:825px;
  height:auto;
  margin:20px 0px 20px 20px;       /*825px+20px=845px*/
}
.news ul li{
  width:800px;                     /*800px+15px+10px=825px*/
  line-height: 28px;
  margin: 15px;
  padding-left: 10px;              /*左内边距，显示背景的三角形图片*/
  border-bottom:1px dotted #999999 ; /*下边框 1px 浅灰色点线*/
}
.news ul li:before{
  content: url(../img/triangle-icon-blue.jpg);
  margin-right: 3px;
}
.news ul li:nth-last-child(1){     /*定义最后一个列表项的样式*/
  border-bottom:0px;               /*无下边框*/
  }
.news ul li .date{                 /*新闻日期的样式*/
  float:right;
  margin-right:10px;
}
```

(6) 预览网页，效果如图 6-7 所示。

【实训说明】(1) 使用伪类选择器选择元素可以减少选择器定义的数量。

(2) 使用伪元素选择器可以在页面元素前或后插入内容，简化页面代码。

6.5 拓 展 知 识

1. 其他伪类选择器。

2. 关系选择器。

3. 属性选择器。

CSS3 选择器拓展知识.docx

拓展知识.mp4

6.6 本 章 小 结

本章介绍了常用的 CSS3 选择器，包括伪类选择器、伪元素选择器和链接伪类等各种选择器的功能和用法，并结合实例介绍了应用各种选择器对页面元素进行样式定义的方法。

6.7 练 习 题

一、选择题(请扫右侧二维码获取)

二、综合训练题

课后练习题.docx

1. 设计如图 6-8 所示的表格其中奇数行的背景色为#EEEEEE，第一行的背景色为#AAAAAA。

2. 在每个列表项之前插入图片，显示效果如图 6-9 所示。

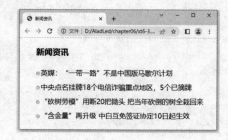

图 6-8 练习题 1 效果图   图 6-9 练习题 2 效果图

第 7 章

网页布局设计

本章要点

使用 DIV+CSS 布局方式设计网页是符合 Web 标准的网页布局技术，并且是当前制作网站比较流行的技术。另外，HTML5 中又新增了网页结构布局标签，更方便了页面的布局设计。本章将详细介绍网页布局技术及实际应用。

学习目标

● 理解布局标签+CSS 的页面布局方式，掌握对页面进行分块的技术。

● 掌握结构元素的使用，使页面分区更明确。

● 理解元素的浮动，能够为元素设置浮动样式。

● 熟悉清除浮动的方法，能够使用不同的方法清除浮动。

● 掌握元素的定位，能够为元素设置常见的定位模式。

● 掌握典型的 CSS 布局，能够使用 CSS 布局样式。

● 培养网站设计的美学意识和紧跟时代发展的网页布局设计意识。

7.1 网页布局标签

除了传统的 div 以外，HTML5 中新增了网页结构布局标签，包括 header、nav、article、footer、hgroup 等，它们进一步方便了页面布局设计。

7.1.1 布局标签+CSS 布局的优点

布局标签+CSS 布局是一种网页布局方法，是目前应用最广泛的网页布局方法。把网页用布局标签和 CSS 布局后，可以使网页的内容(页面结构)与表现(CSS)相分离，同样代码会更简洁，有利于增强用户的体验。

布局标签+CSS
布局的优点.mp4

布局标签+CSS 布局不仅是设计方式的转变，而且也是设计思想的转变，这一转变为网页设计带来了许多便利。采用布局标签+CSS 布局方式的优点如下。

● 布局标签用于搭建网页结构，CSS 用于创建网页表现，将表现与内容分离，便于大型网站的协作开发和维护。

● 缩短了网站的改版时间，设计者只要简单地修改 CSS 文件即可轻松地改版网站。

● 强大的字体控制和排版能力，使设计者能够更好地控制页面布局。

● 使用只包含结构化内容的 HTML 代替嵌套的标签，可以提高搜索引擎对网页的搜索效率。

7.1.2 页面分块

使用布局标签+CSS 布局页面时，首先对页面在整体上用 div 及其他网页结构布局标签进行分块，然后对各个块进行 CSS 定位，最后在各个块中添加相应的内容。

页面分块.mp4

div 以及新增的页面结构布局标签可以嵌套，可以实现更为复杂的页面排版。

【例 7-1-1】未嵌套的 div 布局效果如图 7-1 所示，页面代码如下，CSS 样式定义部分请参考配套源代码。

```
<body>
  <header>此处显示"header"的内容</header>
  <div id="main">此处显示 id="main"的内容</div>
  <footer>此处显示"footer"的内容</footer>
</body>
```

以上代码中用 header、div 和 footer 标签对页面进行分隔，它们之间是并列关系，没有嵌套。在页面布局结构中以垂直方向顺序排列。而在实际工作中，这种布局方式并不能满足工作需要，经常会遇到 div 之间的嵌套。

【例 7-1-2】嵌套的 div 布局效果如图 7-2 所示，页面代码如下，CSS 样式定义部分请参考配套源代码。

```
<body>
  <div id="container">
```

```
<header>此处显示"header"的内容</header>
<div id="main">
    <div id="mainbox">此处显示 id="mainbox"的内容</div>
    <div id="sidebox">此处显示 id="sidebox"的内容</div>
</div>
<footer>此处显示"footer"的内容</footer>
  </div>
</body>
```

图 7-1　未嵌套的 div

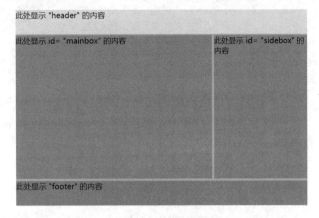

图 7-2　嵌套的 div

在本例中，id="container"的 div 作为存放其他元素的容器，嵌套了其他所有元素。id="main"的 div 容器内嵌套了 id="mainbox"和 id="sidebox"的两个 div。

代码中的 header 标签用来定义网页头部，footer 标签用来定义网页的页脚。

7.1.3　页面结构标签

页面结构
标签.mp4

HTML5 中新增了用于网页结构定义的标签，包括 header、nav、article、aside、section、footer、figure 和 figcaption 等。这使得在网页结构上定义与使用标签更加语义化，让搜索引擎及工程师能够更加迅速地理解当前网页的整个重心所在。

1. header 标签

header 标签用于定义文档的页眉(介绍信息)，可以包含所有通常放在页面头部的内容，一般用来放置整个页面或页面内某个内容区块的标题，也可以包含网站的 Logo 图片、搜索表单或其他相关内容，基本语法格式如下：

```
<header>
<hn>网页主题</hn>
...
</header>
```

2. nav 标签

nav 标签用来将具有导航性质的链接划分在一起，使代码结构在语义化方面更加准确，同时对屏幕阅读器等设备的支持也更好。其中的导航元素可以链接到站点的其他页面或者当前页的其他部分。一个 HTML 页面中可以包含多个 nav 元素，用于页面整体或不同部分的导航。

例如，在 nav 元素内部嵌套无序列表 ul 来定义网页上的导航，代码如下。

```
<nav>
  <ul>
    <li><a href="#">网站首页</li>
    <li><a href="#">产品中心</li>
    <li><a href="#">工程案例</li>
    …
  </ul>
</nav>
```

nav 标签可以用来定义传统的导航栏、侧边栏导航、页内导航、翻页操作等。

需要注意的是，并不是所有的链接都要被放进 nav 元素，只需要将主要的和基本的链接放进 nav 标签即可。

3. article 标签

article 标签用于定义文档、页面或应用程序中与上下文相关的独立部分，经常用于定义一篇日志、一条新闻或用户评论等。article 元素通常使用多个 section 元素进行划分，一个页面中 article 元素可以出现多次。

例如，用 article 标签定义一段文本，页面代码如下。

```
<body>
<article>
  <h3>article 标签定义与用法</h3>
    <p>article 标签定义外部的内容，外部内容可以是来自外部的新闻提供者的一篇新的文章，是
来自博客的文本，是来自论坛的文本，抑或是来自其他外部源内容。
  </p>
</article>
</body>
```

4. aside 标签

aside 标签用来定义当前页面或文章的附属信息部分。

aside 元素的用法主要有两种：一种是被包含在 article 元素中作为主要内容的附属信息，其中的内容可以是与当前文章有关的资料、名词解释等；另一种是在 article 元素之外用作页面或站点全局的附属信息。最典型的应用是侧边栏，其中的内容可以是友情链接，或者博客中的其他文章列表、广告单元等。

5. section 标签

section 标签用于对网站或应用程序中页面上的内容进行分块，section 元素通常由内容和标题组成。section 最好嵌套在 article 中使用。

section 元素并非普通的容器元素，当容器需要被直接定义样式或通过脚本定义行为时，

推荐使用 div。

如果 article 元素、aside 元素或 nav 元素更符合使用条件，那么不要使用 section 元素。另外，没有标题的内容区块不要使用 section 元素定义。

下面通过案例对 article、aside 和 section 标签的用法进行演示。

【例 7-1-3】使用 article、aside 和 section 标签设计显示文章内容的局部页面。本例文件在浏览器中的显示效果如图 7-3 所示，页面代码如下，CSS 样式定义请参考配套源代码。

```html
<body>
  <article id="con">
    <section id= "st">
        <h1>标题</h1>
        <p>文章主要内容<br/><br/><br/><br/><br/></p>
     </section>
    <aside id="ad1">其他相关文章</aside>
  </article>
  <aside id="ad2">右侧菜单<br/><br/><br/><br/><br/><br/><br/><br/></aside>
</body>
```

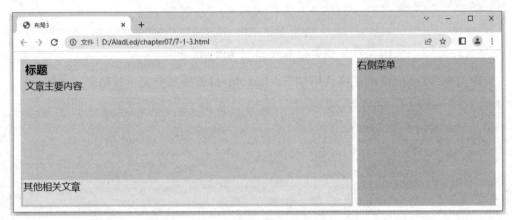

图 7-3　使用 aside 标签的效果

【说明】上述代码中定义了两个 aside 元素，其中第一个 aside 元素位于 article 元素中，用于添加文章的其他相关信息，第二个 aside 元素用于定义页面的侧边栏内容。

在 HTML5 中，article 元素可以看作是一种特殊的 section 元素，它比 section 元素更具独立性，即 section 元素强调分段或分块，而 article 元素强调独立性。如果一块内容相对来说比较独立，应该使用 article 元素；但是如果想要将一块内容分成多段，应该使用 section 元素。

6. footer 标签

footer 标签用于定义页面或区域的底部，可以包含所有通常放在页面底部的内容。在 HTML5 中使用 footer 标签时，把它当作普通 div 标签对待即可，只不过它一般用于网站底部布局。

一个页面中可以包含多个 footer 元素，但最好只使用一个 footer 元素。另外，也可以在 article 元素或 section 元素中添加 footer 元素。

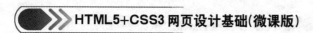

7. hgroup 标签

在 HTML5 中，hgroup 标签用于对网页或区段(section)的标题(h1~h6)进行组合。

hgroup 标签可以对标题元素进行分组，当标题有多个层级(副标题)时，可以用 hgroup 标签对 h1~h6 元素进行分组。

【例 7-1-4】hgroup 标签的用法。用 hgroup 对标题 h4 和 h5 进行组合，定义统一的样式。本例文件在浏览器中的显示效果如图 7-4 所示。

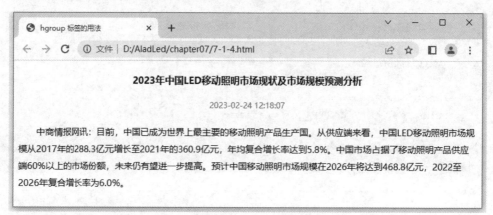

图 7-4 hgroup 元素效果展示

页面文件 7-1-4.html 的关键代码如下，<p> <p>标签中部分文字省略。

```
<head>
<title>hgroup 标签的用法</title>
  <style>
     hgroup{            /*分组标题的样式*/
       text-align: center;
       margin: 10px 0;
     }
     h4{ font-size: 16px; }
     h5{ font-weight:500 ;   color: #888;   font-size: 13px;   }
     p{ font-size: 15px;  text-indent: 2em;  line-height: 28px;  }

  </style>
</head>
<body>
   <hgroup>
      <h4>2023 年中国 LED 移动照明市场现状及市场规模预测分析 </h4>
      <h5>22023-02-24 12:18:07 </h5>
   </hgroup>
<p>中商情报网讯：目前，中国已成为世界上最主要的移动照明产品生产国。从……</p>
</body>
```

【说明】hgroup 标签用于将多个标题(主标题和副标题或子标题)组成一个标题组，通常它与 h1~h6 元素组合使用，方便对一组标题设置统一的样式。

7.2 浮动与定位

案例分析.mp4

7.2.1 教学案例

【案例展示】爱德照明网站首页的整体布局结构设计。

用盒子模型的定位与浮动知识设计爱德照明网站的首页整体布局结构，本例文件 7-2.html 在浏览器中的显示效果如图 7-5 所示。

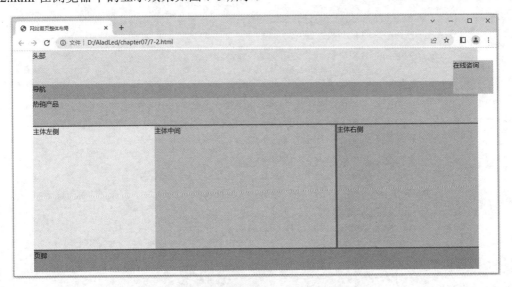

图 7-5 爱德照明网站的首页整体布局结构

【知识要点】定位属性、定位方式、浮动与清除浮动。

【学习目标】掌握使用盒子模型的定位与浮动知识实现各种排版需求。

7.2.2 元素的浮动

元素的浮动.mp4

浮动(float)是使用率较高的一种定位方式。浮动元素可以向左或向右移动，直到它的外边距边缘碰到包含框的内边距边缘或另一个浮动元素的外边距边缘为止。任何元素都可以浮动，用 float 属性可定义元素向哪个方向浮动，其语法格式如下。

```
float : none | left | right
```

参数介绍如下。

- none：对象不浮动。
- left：对象浮在左边。
- right：对象浮在右边。

【说明】float 属性的值指出对象是否浮动及如何浮动，并且浮动元素不会从父元素中移出。

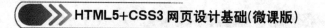

1. 设置元素向右浮动

设置向右浮动以后，元素会向父元素的右侧移动。

【例 7-2-1】向右浮动元素。本例文件中页面布局的初始状态如图 7-6 所示，"盒子 1"向右浮动后的效果如图 7-7 所示。页面文件 7-2-1.html 的关键代码如下。

```html
<head>
    <title>向右浮动</title>
    <style type="text/css">
        .father{                        /*设置容器的样式*/
            background-color:#ffff99;
            border:1px solid #111111;
            padding:5px;
            }
        .father div{                    /*设置容器中div标签的样式*/
            padding:10px;
            margin:15px;
            border:1px dashed #111111;
            background-color:#90baff;
            }
        .father p{                      /*设置容器中段落的样式*/
            border:1px dashed #111111;
            background-color:#ff90ba;
            }
        .son_one{
            width:80px;                 /*设置元素宽度*/
            height:80px;                /*设置元素高度*/
            float:right;                /*向右浮动*/
            }
        .son_two,.son_three{
            width:100px;                /*设置元素宽度*/
            height:100px;               /*设置元素高度*/
            }
    </style>
</head>
<body>
  <div class="father">
    <div class="son_one">盒子1</div>
    <div class="son_two">盒子2</div>
    <div class="son_three">盒子3</div>
    <p>浮动的框可以向左或向右移动，直到它的外边缘碰到包含框或另一个浮动框的边框为止。由
于浮动框不在文档的普通流中，因此文档的普通流中的块框表现得就像浮动框不存在一样。</p>
  </div>
</body>
```

【说明】本例中首先定义了一个类名为.father 的父容器，然后在其内部又定义了 3 个并列关系的 div 容器。当给其中类名为.son_one 的 div(盒子 1)增加"float:right;"属性后，

"盒子 1"便脱离文档流向右移动,直到它的右边缘碰到包含框的右边缘。其后的元素依次向上移动。

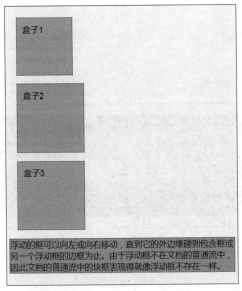

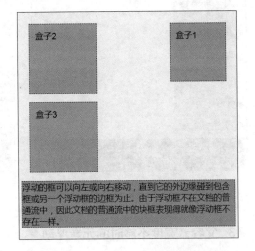

图 7-6 没有浮动的初始状态 　　图 7-7 "盒子 1"向右浮动后的效果

2. 设置元素向左浮动

设置向左浮动以后元素会向父元素的左侧移动。

【例 7-2-2】向左浮动元素。

(1) 单个元素向左浮动。将"盒子 1"向左浮动,修改例 7-2-1 中的 CSS 样式,修改"盒子 1"的 CSS 定义,实现"盒子 1"向左浮动,代码如下。

```
.son_one{
    width:80px;          /*设置元素的宽度*/
    height:80px;         /*设置元素的高度*/
    float:left;          /*向左浮动*/
}
```

页面 7-2-2.html 的布局如图 7-8 所示。

如果只将"盒子 1"向左浮动,该元素会脱离文档流向左移动,直到它的左边缘碰到包含框的左边缘,如图 7-8 所示。由于"盒子 1"不再处于文档流中,因此它不占据空间,实际上覆盖在"盒子 2"上,把"盒子 2"中的内容挤了出来。

(2) 多个元素向左浮动。设置 3 个盒子都向左浮动,实现"盒子 1""盒子 2""盒子 3"同时向左浮动,在 CSS 样式中,增加样式定义代码如下。

```
.son_one,.son_two,.son_three{    /*3 个盒子的样式*/
    float:left;                  /*向左浮动*/
}
```

设置所有元素向左浮动后,页面的布局效果如图 7-9 所示。

在 3 个盒子都设置了向左浮动属性后,"盒子 1"向左浮动直到碰到左边框时静止,另外两个盒子也向左浮动，直到碰到前一个浮动框也静止，如图 7-9 所示，这样就将纵向排列的 div 容器变成了横向排列。但是，此时出现了段落文本的错位现象，用清除浮动的技术即可解决这类错误。

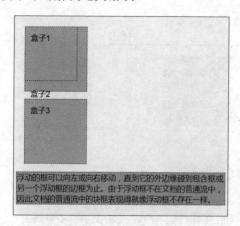

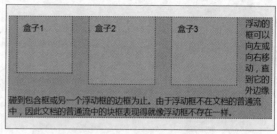

图 7-8　单个元素向左浮动　　　　　　　　图 7-9　多个元素向左浮动

3. 父容器宽度不够时的元素浮动

(1) 父容器宽度不够时，浮动的元素向下移动，并向左浮动直到碰到左边框时静止。

【例 7-2-3】浮动元素下移后向左浮动。

修改例 7-2-2，将类名为.father 的父容器的宽度设置为 300px，设置 3 个盒子都向左浮动，此时无法容纳 3 个浮动元素"盒子 1""盒子 2""盒子 3"并排放置，"盒子 3"将会向下移动，直到有足够的空间放置，本例的页面布局效果如图 7-10 所示。

为了看清盒子之间的排列关系，去掉父容器中段落的样式定义及结构代码，修改类名为.father 的父容器的样式定义，此时的 CSS 定义代码如下。

```
.father{                              /*设置容器的样式*/
    width: 300px;
    height: 300px;
    background-color:#ffff99;
    border:1px solid #111111;
    padding:5px;
}
.son_one,.son_two,.son_three{         /*3 个盒子的兄弟样式*/
    float:left;                       /*向左浮动*/
}
```

(2) 当父容器宽度不够且浮动元素的高度彼此不同时，它们在向下移动后可能会被其他浮动元素"挡住"。

【例 7-2-4】浮动元素下移向左浮动被挡住的情况。本例的页面布局效果如图 7-11 所示。

修改例 7-2-3 中"盒子 1"的高度，修改后的 CSS 样式代码如下。

```
.son_one{
  width:80px;                /*设置元素的宽度*/
```

```
    height:140px;              /*设置元素的高度*/
    float:left;                /*向左浮动*/
}
```

【说明】浮动元素的高度不同，导致"盒子3"向下移动时被"盒子1""挡住"。

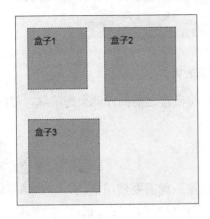

图7-10　浮动元素下移后向左浮动

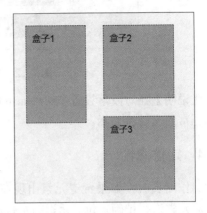

图7-11　浮动元素下移向左浮动被挡住

7.2.3　清除浮动

清除浮动.mp4

浮动盒子不属于文档流中的标准流。当元素浮动之后，就会脱离标准文档流，漂浮在标准流的上面，不再占据标准文档流中的空间。这时文档中的标准流就会占据浮动元素原来的位置，导致页面出现错位。

另外，在进行页面布局时，当容器的高度设置为auto且容器的内容中有浮动元素时，容器的高度不能自动伸长以适应内容的高度，这也会使得内容溢出到容器之外，导致页面出现错位，这种现象称为浮动溢出。

为了防止因元素浮动导致的错位现象，需要进行清除浮动处理，其语法格式如下。

```
clear : none | left | right | both
```

参数介绍如下。

● none：允许两边都可以有浮动对象。
● both：不允许有浮动对象。
● left：不允许左边有浮动对象。
● right：不允许右边有浮动对象。

【例7-2-5】清除浮动示例。在例7-2-2中，将"盒子1""盒子2""盒子3"设置为向左浮动后，未清除浮动时的段落文字便填充在"盒子3"后面的空隙中，如图7-9所示。修改例7-2-2，为段落<p>设置清除浮动，本例的页面布局效果如图7-12所示。

段落样式中清除浮动的CSS代码如下：

```
.father p{                /*设置容器中段落的样式*/
    border:1px dashed #111111;
    background-color:#ff90ba;
    clear:both;
}
```

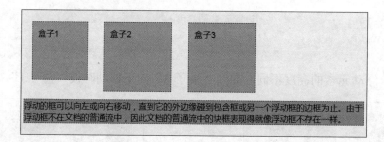

图 7-12 对<p>清除浮动后的状态

【说明】在对段落设置了"clear:both;"后，可以将段落之前的浮动全部清除，使段落按照正常的文档流显示。

7.2.4 定位属性

制作网页时，如果希望元素出现在某个特定的位置，就需要使用定位属性对元素进行精确定位。元素的定位就是将元素放置在页面的指定位置，主要包括定位模式和边偏移两部分。

定位属性.mp4

1. 定位模式

在 CSS 中，position 属性用于定义元素的定位模式，基本语法格式如下。

```
position : static | relative | absolute | fixed
```

参数介绍如下。

- static：默认值。没有定位，元素出现在正常的流中。
- relative：相对定位，相对于原文档流的位置进行定位。
- absolute：绝对定位，相对于上一个已经定位的父元素进行定位。
- fixed：固定定位，相对于浏览器窗口进行定位。

2. 边偏移

定位(position)模式仅仅用于定义元素以哪种方式定位，并不能确定元素的具体位置。在 CSS 中，通过边偏移属性 top、bottom、left 或 right 可精确定义定位元素的位置。这些属性的具体解释如表 7-1 所示。

表 7-1 边偏移属性

边偏移属性	描 述
top	顶端偏移量，定义元素相对于父元素上边线的距离
bottom	底部偏移量，定义元素相对于父元素下边线的距离
left	左侧偏移量，定义元素相对于父元素左边线的距离
right	右侧偏移量，定义元素相对于父元素右边线的距离

从表 7-1 可以看出，边偏移可以通过 top、bottom、left 和 right 属性进行设置，取值可以是像素值或百分比，示例如下。

```
position:relative;          /*相对定位*/
left:50px;                  /*距左边线 50px*/
top:30px;                   /*距顶部边线 30px*/
```

7.2.5　定位方式

定位方式.mp4

1. 静态(static)定位

静态定位是元素的默认定位方式,当 position 属性的取值为 static 时,可以将元素定位于静态位置。所谓静态位置,就是各个元素在 HTML 文档流中默认的位置。

任何元素在默认状态下都会以静态定位方式来确定自己的位置,所以当没有定义 position 属性时,元素按照默认值显示在静态位置。在静态定位状态下,无法通过边偏移属性(top、bottom、left 或 right)来改变元素的位置。

【例 7-2-6】静态定位示例。在页面文件 7-2-6.html 中,所有元素没有设置定位属性,默认显示在静态位置,代码如下。

```html
<html>
  <head>
    <title>元素的静态定位</title>
    <style type="text/css">
        .father{
            width:400px;
            height:200px;
            background:#ccc;
            border:1px solid #000;
            margin: 10px auto;
        }
        .child01,.child02{
            width:160px;
            height:50px;
            background:#ff0;
            border:1px solid #000;
        }
        .child01{
            position:static;           /*静态定位*/
        }
    </style>
    </head>
    <body>
        <div class="father">
            <div class="child01">1 号:我静态定位</div>
            <div class="child02">2 号:我没有定位</div>
        </div>
    </body>
</html>
```

在 Chrome 浏览器中预览 7-2-6.html 文件,显示效果如图 7-13 所示。

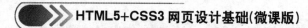

2. 相对(relative)定位

相对定位是将元素相对于本身的位置进行定位。为元素设置相对定位后，可以通过边偏移属性来改变元素的位置，但是它在文档流中的位置仍然保留。

【例 7-2-7】相对定位示例。修改例 7-2-6，对第一个 div 设置相对定位，让第一个 div 向本身的右下方移动。

修改.child01 样式定义，此时的 CSS 代码如下。

```
.child01{
    position:relative;          /*绝对定位*/
    left: 162px;                /*距左边线 162px*/
    top: 102px;                 /*距顶部边线 102px*/
}
```

通过.child01 样式对第一个 div 设置相对定位后，让它相对于自身的默认位置进行偏移，即向右偏移 162px、向下偏移 102px，此时正好位于第二个 div 的右下角。

在 Chrome 浏览器中预览 7-2-7.html 文件，显示效果如图 7-14 所示。

图 7-13　静态定位　　　　　　　　　图 7-14　相对定位

3. 绝对(absolute)定位

绝对定位是将元素依据最近的已经定位(绝对、固定或相对定位)的父元素进行定位，若所有父元素都没有定位，则依据 body 根元素(浏览器窗口)进行定位。

在网页设计中，一般需要子元素相对于直接父元素的位置保持不变，即子元素依据直接父元素绝对定位。这种情况下，可将直接父元素设置为相对定位，但不对其设置偏移量，然后再对子元素应用绝对定位，并通过偏移属性对其进行精确定位。这样父元素既不会失去其空间，同时还能保证子元素依据直接父元素完成准确定位。

【例 7-2-8】绝对定位示例。修改例 7-2-7，对 father 元素进行相对定位，对 child01 元素进行绝对定位，绝对定位的 child01 会依据直接父元素 father 进行定位。

修改.father 和.child01 样式定义，此时的 CSS 代码如下。

```
.father{
    width:300px;
    height:200px;
    background:#ccc;
    border:1px solid #000;
    margin: 10px auto;
```

```
    padding:5px;
    position: relative;
}
.child01{
        position:absolute;          /*绝对定位*/
        left: 162px;                /*距左边线150px*/
        top: 102px;                 /*距顶部边线100px*/
    }
```

在 Chrome 浏览器中预览 7-2-8.html 文件，显示效果如图 7-15 所示。

【说明】(1) 对父元素 father 设置相对定位的目的，就是为了实现 child01 元素相对父元素进行绝对定位。当缩放浏览器的窗口时，子元素相对于父元素的位置保持不变。

(2) child01 绝对定位后，会脱离标准文档流的控制，不再占据标准文档流中的空间，child02 占据 child01 原来的位置。

> **注意：**
> 定义多个边偏移属性时，如果 left 和 right 冲突，则以 left 为准；如果 top 和 bottom 冲突，则以 top 为准。

4. 固定(fixed)定位

固定定位是绝对定位的一种特殊形式，是以浏览器窗口作为参照物来定义网页元素。

当对元素设置固定定位后，元素将脱离标准文档流的控制，始终依据浏览器窗口来定义自己的显示位置。也就是不管滚动条如何滚动，也不管浏览器窗口的大小如何变化，元素都会始终显示在浏览器窗口的固定位置。

【例 7-2-9】固定定位示例。修改例 7-2-8，将 child01 的定位模式设置为固定定位。

修改.child01 样式定义，此时的 CSS 代码如下。

```
.child01{
    position:fixed;               /*绝对定位*/
    left: 10px;                   /*距左边线10px*/
    top: 40px;                    /*距顶部边线40px*/
}
```

浏览网页 7-2-9.html，效果如图 7-16 所示。

图 7-15　相对直接父元素绝对定位的效果　　　　图 7-16　固定定位效果

在图 7-16 中，设置为固定定位的元素 child01，依据浏览器窗口进行定位，始终离浏览器窗口左侧 10px，离顶部 40px。也就是说对 child01 元素设置固定定位后，会脱离标准文档流的控制，不再占据标准文档流中的空间，child02 占据 child01 的原来的位置。

5. z-index(层叠等级属性)

当对多个元素同时设置定位时，定位元素之间有可能发生重叠现象(如图 7-16 所示)。

在 CSS 中，要想调整重叠定位元素的堆叠顺序，可以对定位元素应用 z-index(层叠等级属性)。z-index 取值可为正整数、负整数和 0，默认属性值是 0。z-index 的取值越大，定位元素在层叠元素中就越居上。

7.2.6 overflow 属性

overflow 属性是 CSS 中的重要属性。当盒子内的元素超出盒子自身的大小时，内容就会溢出。如果想要规范溢出内容的显示方式，就需要使用 overflow 属性，其基本语法格式如下。

overflow 属性.mp4

```
overflow : visible | hidden | auto | scroll
```

参数介绍如下。
- visible：溢出内容不会被修剪，呈现在元素框之外(默认值)。
- hidden：溢出内容会被修剪，并且被修剪的内容是隐藏不可见的。
- auto：在需要时产生滚动条，即自适应所要显示的内容。
- scroll：溢出内容会被修剪，并且会始终显示滚动条。

下面详细介绍 overflow 属性的用法。

1. 溢出内容显示

【例 7-2-10】溢出内容不修剪示例。本例在浏览器中的显示效果如图 7-17 所示，页面文件 7-2-10.html 的关键代码如下。

```html
<head>
<title>overflow 属性 1</title>
  <style type="text/css">
    div{
        font-size: 16px;
        width:120px;
        height:140px;
        padding: 5px;
        background:#F99;
        border: 1px solid #000000;
        overflow:visible;                 /*溢出内容呈现在元素框之外*/
    }
  </style>
</head>
<body>
  <div>
```

当盒子内的元素超出盒子自身的大小时，内容就会溢出，如果想要规范溢出内容的显示方式，就需要使用 overflow 属性，它用于规范元素中溢出内容的显示方式。

```
    </div>
<body>
```

【说明】在例 7-2-10 中，通过"overflow:visible;"样式，定义溢出的内容不会被修剪，而呈现在元素框之外。一般而言，并没有必要设定 overflow 的属性为 visible，除非想覆盖它在其他地方设定的值。

2. 溢出内容隐藏

如果希望溢出的内容被修剪，且隐藏不可见，可将 overflow 属性值定义为 hidden。

【例 7-2-11】溢出内容隐藏示例。修改例 7-2-10 中 div 的样式，修改 overflow 属性的值，修改后的代码如下。

```
overflow: hidden;  /*溢出内容被修剪，且不可见*/
```

在 Chrome 浏览器中预览 7-2-11.html 文件，效果如图 7-18 所示。

图 7-17　定义"overflow:visible"的效果　　　图 7-18　定义"overflow: hidden"的效果

3. 根据内容自动加滚动条

如果希望元素框能够自适应内容，即内容溢出时产生滚动条，否则不产生滚动条，可以将overflow属性的值定义为auto。

【例 7-2-12】根据内容自动加滚动条示例。修改例 7-2-10 中 div 的样式中 overflow 属性的值，此时的代码如下。

```
overflow:auto;     /*根据内容需要产生滚动条*/
```

保存HTML文件为7-2-12.html，刷新页面，效果如图7-19所示。此时元素框的右侧产生了滚动条，拖动滚动条即可查看溢出的内容。当盒子中的内容不溢出时，滚动条就会消失。

4. 始终显示滚动条

当定义 overflow 属性的值为 scroll 时，元素框中会始终存在滚动条。

【例 7-2-13】始终显示滚动条示例。修改例 7-2-10 中 div 的样式中 overflow 属性的值，此时的代码如下。

```
overflow:scroll;    /*始终显示滚动条*/
```

保存 HTML 文件为 7-2-13.html,刷新页面,效果如图 7-20 所示。

在图 7-20 中,元素框中出现了水平和垂直方向的滚动条。与"overflow:auto;"不同,当定义"overflow:scroll;"时,不论元素是否溢出,元素框中水平和垂直方向的滚动条始终存在。

图 7-19 定义"overflow:auto"的效果

图 7-20 定义"overflow:scroll"的效果

7.2.7 案例制作

完成爱德照明网站的首页整体布局结构。

案例制作.mp4

1. 布局规划

爱德照明网站的整体结构分成头部、导航、页面主体和页脚 4 部分,自上向下排列在一个盒子中。头部通过<header>标签定义,导航链接由<nav>元素定义,主体内容由<div id="container">标签定义,页面的底部区域由<footer>标签定义。其中,在 id="container"的盒子中又嵌套了两个盒子,分别是 id="hotproduct " 和 id="main"的两个 article,而在 id="main"的 article 中,又用 section 进行了分块,并设置 3 个 section 自左而右排列。

另外,首页上还有固定显示的"在线咨询"项。

2. 网页结构文件

在当前文件夹中,新建一个名为 7-2.html 的网页文件,关键代码如下。

```html
<head>
  <title>网站首页整体布局</title>
  <link href="css/7-2.css" type="text/css" rel="stylesheet" >
</head>
<body>
  <div class="wrapper">
    <header>头部</header>
    <nav>导航</nav>
      <div id="container">
        <article id="hotproduct">热销产品<br/><br/><br/></article>
          <article id="main">
              <section class="main_left"> 主体左侧</section>
              <section class="main_center">主体中间</section>
```

```
            <section class="main_right">主体右侧</section>
        </article>
     </div>
    <footer>页脚</footer>
    <div class="online_zx"> 在线咨询</div>
  </div>
</body>
```

3. 外部样式表

在文件夹 css 下新建一个名为 7-2.css 的样式表文件,代码如下。

```css
*{ margin:0px; padding:0; }
body{
    font-family: "微软雅黑";        /*字体为"微软雅黑"*/
    font-size:16px;               /*定义网页中默认字体大小*/
}
.wrapper{   /*设置页面整体宽度样式*/
    width:1100px;                 /*宽度 1100px*/
    margin:0 auto;                /*页面自动居中对齐*/
}
header{ /*头部样式*/
  height:80px;                    /*高度为 80px*/
  background-color:#99FFFF;       /*背景颜色*/
}
nav {                             /*导航栏样式*/
  height:36px;
  background-color:#90BAFF;
}
/*网页中部内容样式*/
#container{
width:1100px;
  height:auto;                    /*自动默认高度*/
  background-color: #008B8B;
}
/*首页中部-热销产品样式*/
#hotproduct{
  height:auto;
  background-color:#FFCC00;
}
/*首页中部-主体部分样式*/
#main{
  clear: both;                    /*清除两侧浮动*/
  height:300px;
}
/*定义主体部分的左、中、右三块样式*/
#main .main_left,#main .main_center,#main .main_right{
  margin:3px 0px;
  height:294px;                   /*294px+3px+3px=300px*/
  position:relative;              /*相对定位*/
```

```
}
#main .main_left{
    width:300px;
    float:left;                    /*向左浮动*/
    background-color:#FFFF00;
}
#main .main_center{
    width:445px;
    float:left;                    /*向左浮动*/
    background-color:#84F14D;
}
#main .main_right{
    width:350px;
    float:right;                   /*向右浮动*/
    background-color:#99CCFF;
}
/*定义网页页脚的样式*/
footer{                            /* footer 样式 */
    clear:both;                    /*清除两侧浮动*/
    height:50px;
    background:#AAAAAA;
}
/*定义在线咨询的样式*/
.online_zx{
    width:100px;
    height:80px;
    position:fixed;
    top:30px;
    right:10px;
    background-color:#00FFFF;
}
```

4. 浏览网页

在浏览器中浏览制作完成的页面，页面的显示效果如图 7-5 所示。

【案例说明】(1) 页面主体宽度为 1100px，其中的.main_left、main_center 和.main_right 三个 section，自左而右在一行上排列。.main_left 和.main_center 设置向左浮动，.main_right 设置向右浮动，三个 section 总宽度为 1095px，在.main_center 和.main_right 中间留下 5px 的空隙，防止出现页面布局错位。

(2) 对于页脚盒子 footer，必须设置"clear:both;"属性，否则会出现 footer 被其他 div 遮挡住的现象。

7.3 典型的 CSS 布局

网页设计师为了让页面外观与结构分离，一般会使用 CSS 样式来规范布局。使用 CSS 样式规范布局，可以让代码更加简洁和结构化，使站点的访问和维护更加容易。

网页设计的第一步是设计版面布局，就是像传统的报纸杂志一样，根据内容的需要对页面进行分块。本节将结合目前较为常用的 CSS 布局样式，进一步讲解布局的实现方法。

7.3.1 两列布局

许多网站都使用两列布局，即在页面顶部放置大的导航或广告条，右侧(或左侧)放置链接或图片，另一侧放置主要内容，页面底部放置版权信息等。如图 7-21 所示的布局就是经典的两列布局。

两列布局 1.mp4　两列布局 2.mp4

图 7-21　经典的两列布局

一般情况下，此类页面布局的两列都有固定的宽度，而且从内容上很容易区分主要内容区域和侧边栏。页面布局整体上分为上、中、下 3 个部分，即 header 区域、中间主体内容区域和 footer 区域。其中的主体内容区域又分成左右两栏，布局示意如图 7-22 所示。

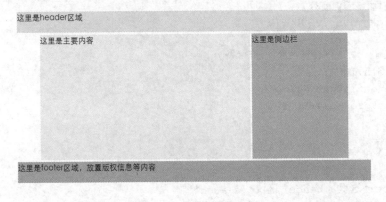

图 7-22　两列布局示意

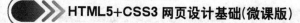

分析图 7-22 所示的页面结构，header 和 footer 区域的宽度是 100%，中间主体内容区域的宽度固定。

【例 7-3-1】宽度固定的三行两列布局。首先，页面分成上、中、下 3 部分，即 header 区域、container 区域和 footer 区域，而中间的 container 区域又被 id="mainbox" 和 id="sidebox" 的 div 分成两块。本例在浏览器中的显示效果如图 7-22 所示，页面文件 7-3-1.html 的关键代码如下：

```
<head>
  <title>三行两列宽度固定布局</title>
  <style type="text/css">
    * {margin:0;  padding:0;  }
    body {   /*设置页面全局参数*/
      font-family:"华文细黑";
      font-size:20px;
    }
    header {    /*设置页面头部信息区域*/
      width:100%;
      height:50px;
      background:#99FFFF;
      margin-bottom:5px;
    }
    #container{   /*设置页面中部区域*/
      width:800px;
      height:300px;
      margin:5px auto;
    }
    #mainbox {    /*设置页面主内容区域*/
      float:left;
      width:545px;
      height:300px;
      background:#CCFFFF;
    }
    #sidebox {    /*设置侧边栏区域*/
      float:right;
      width:250px;
      height:300px;
      background:#99CCFF;
    }
    footer {    /*设置页面底部区域*/
      width:100%;
      height:50px;
      background:#66CCFF;
    }
  </style>
</head>
<body>
  <header>这里是 header 区域</header>
  <div id="container">
```

```
        <div id="mainbox">这里是主要内容</div>
        <div id="sidebox">这里是侧边栏</div>
    </div>
<footer>这里是 footer 区域, 放置版权信息等内容</footer>
</body>
```

【说明】(1) 本例中, header 区域和 footer 区域的宽度是 100%, container 区域的宽度固定, 是一种"工"字型的页面布局结构。

(2) 需要注意的是, 在例 7-3-1 所设计的页面结构中, 并不能满足实际情况的需要。例如, 当 mainbox 中的内容过多时, 在浏览器中就会出现内容溢出错位的情况, 如图 7-23 所示。

图 7-23 mainbox 中内容溢出时的情况

对于高度和宽度都固定的容器, 当内容超过容器所容纳的范围时, 会破坏网页布局结构。如果希望溢出的内容不显示, 可以使用 CSS 样式中的 overflow 属性将溢出的内容隐藏或者设置滚动条。

如果要真正解决这个问题, 可以使用高度自适应的方法, 即当内容超过容器高度时, 容器能够自动地伸展。要实现这种效果, 就要修改 CSS 样式的定义, 对盒子设置 height:auto 属性, 并对其后的元素清除浮动。

【例 7-3-2】高度自适应、宽度固定的三行两列布局。在 7-3-1.html 的基础上, 删除 CSS 样式中 container、mainbox 和 sidebox 的高度, 并且为 footer 设置清除浮动属性。

修改 container、mainbox、sidebox 和 footer 的 CSS 定义, 代码如下。

```
#container{                  /*设置页面的中部区域*/
    width:800px;
    margin:5px auto;
    }
#mainbox{                    /*设置页面的主内容区域*/
    float:left;
    width:545px;
    background:#CCFFFF;
    margin-bottom:5px;
    }
```

```
#sidebox {                    /*设置侧边栏区域*/
    float:right;
    width:250px;
    background:#99CCFF;
    margin-bottom:5px;
}
footer {                      /*设置页面的底部区域*/
    clear:both;               /*清除浮动的影响*/
    width:100%;
    height:50px;
    background:#66CCFF;
}
```

本例文件 7-3-2.html 在浏览器中的显示效果如图 7-24 所示。

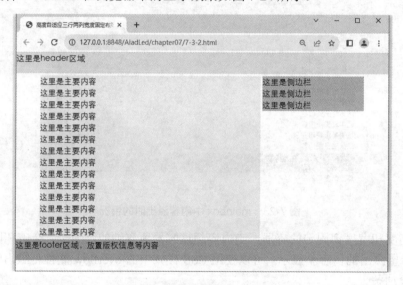

图 7-24　高度自适应三行两列布局

【说明】(1) 因为在 CSS 样式定义中,没有定义 container、mainbox 和 sidebox 的高度,所以在容器内部添加内容时,容器高度会根据内容的多少自动调节,不会出现溢出容器之外的现象。

(2) 因为没有定义 container、mainbox 和 sidebox 的高度,并且设置了 mainbox 和 sidebox 的浮动效果,所以 mainbox 和 sidebox 脱离了文档流。这时,必须对其后的内容 footer 设置清除浮动属性,否则 footer 会被 mainbox 和 sidebox 遮挡住。

7.3.2　三列布局

一些网页中,页面自上而下宽度都固定,即 header 区域、footer 区域和 container 区域的宽度相同且固定,内容区域分成左、中、右三块进行布局,通常称为"国"字型布局结构。

三列布局.mp4

三列布局在网页设计中更为常用,如图 7-25 所示为腾讯网的局部三列布局的页面。

三列布局与两列布局非常相似,在处理方式上可以利用两列布局结构的方式进行处理,下面对图 7-25 的网页进行布局设计。

图 7-25　经典的三列布局

【例 7-3-3】设计图 7-25 所示的三列布局的页面结构，页面布局结构如图 7-26 所示。

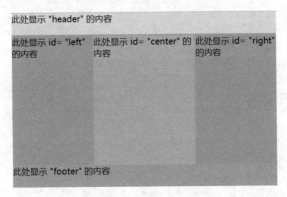

图 7-26　三列布局示意图

　　此网页上下宽度相同，可以把整个网页放在一个盒子中，然后在这个盒子中再划分出网页头部、导航、主体内容区和页脚等区块。其中主体内容区分成左、中、右 3 个区块。

　　页面设计时，首先使用 id="container" 的 div 容器将所有内容包裹起来。在 container 内部，header 容器、id="main" 的 div 容器和 footer 容器把页面分成 3 个部分，中间的 main 区域再被 id="left" 的 div 容器、id="center" 的 div 容器和 id="right" 的 div 容器分成 3 块。

本例文件 7-3-3.html 的页面代码和 CSS 样式关键代码如下。

```html
<head>
  <title>三列布局</title>
  <style>
    *{margin: 0px;}
    body{
      font-family: "微软雅黑";
      font-size:20px;
    }
    #container{
      width:620px;          /*页面宽度*/
      height:auto;
      background-color:#BBBBBB;
      margin:0 auto;
    }
    header{
      height:50px;
      background-color: #99FFFF;
      margin-bottom:3px;
    }
    #main{
      height:auto;
      background-color:#DDDDDD;
    }
    #main #left{
      width:190px;
      height:295px;
      background-color:#90BAFF;
      float:left;
    }
    #main #center{
    width:235px;
      height:295px;
      background-color:#99CCFF;
      margin:0 2px;
      float:left;
    }
    #main #right{
      width:190px;
      height:295px;
      background-color:#90BAFF;
      float: right;
    }
    footer{
      clear:both;
      height:50px;
      background-color:#66CCFF;
    }
  </style>
</head>
```

```
<body>
  <div id="container">
    <header>此处显示"header"的内容</header>
    <div id="main">
      <div id="left">此处显示 id="left"的内容</div>
      <div id="center">此处显示 id="center"的内容</div>
      <div id="right">此处显示 id="right"的内容</div>
    </div>
    <footer>此处显示"footer"的内容</footer>
  </div>
</body>
```

【说明】(1) 例 7-3-3 中，页面宽度固定，三列布局中并列的 3 个块宽度也都固定。在实际网页设计时，三列的宽度可以根据实际需要规划设计。

(2) 实际网页设计中，当网页内容较多时，id="main"的 div 容器可以自上而下重复出现。

7.3.3　两列和三列混合布局

有的网页内容比较丰富，为了页面美观和提高可读性，在页面布局设计时，主体采用部分两列和三列混合布局的方式，如图 7-27 所示为光明网的局部页面即为此种布局。

两列和三列混合布局.mp4

图 7-27　两列和三列混合布局页面

在图 7-27 所示的网页中，网页头部、页脚和页面主体内容区域的宽度相同且固定，网页中两个导航区域的宽度是 100%，页面内容部分既有两列布局又有三列布局。这种结构的布局，当页面内容比较丰富时，可以提高可读性。

【例 7-3-4】两列和三列混合布局结构。

设计图 7-27 所示的页面布局。页面中 id="container" 的 div 容器包含了主要内容，根据实际需要，可自上而下地进行分块，每块内再进行两列或三列布局设计。

7-3-4.html 的页面代码如下。

```html
<body>
    <header>这里是 header 区域</header>
    <nav class="head_nav">头部导航</nav>
    <div id="container">
        <div class="content">
            <div class="adv_pic1">广告图片 1</div>
            <div class="adv_pic2">广告图片 2</div>
        </div>
        <div class="content">
            <div class="content1_left">第一部分左侧内容</div>
            <div class="content1_right">第一部分右侧内容</div>
        </div>
        <div class="content">
            <div class="content2_left">第二部分左侧内容</div>
            <div class="content2_center">第二部分中部内容</div>
            <div class="content2_right">第二部分右侧内容</div>
        </div>
    </div>
    <nav class="foot_nav">页脚导航</nav>
    <footer>这里是 footer 区域，放置版权信息等内容</footer>
</body>
```

对图 7-27 所示的页面设计 CSS 样式代码，实现如图 7-28 所示的页面布局。

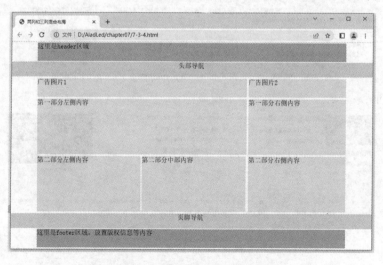

图 7-28　两列和三列混合布局结构

实现图 7-28 所示的页面布局的 CSS 样式代码如下。

```css
<style type="text/css">
*  {  margin:0;  padding:0;        }
body {
    font-family:"宋体";
    font-size:18px;
    color:#000;
}
/*网页头部样式定义*/
header {
     width: 860;
     height:50px;
     margin:2px auto;
     background:#66CCFF;
}
/*网页导航区域的样式定义*/
nav{
    width: 100%;
    height:40px;
    background: #DDDDDD;
    clear: both;
    text-align: center;
}
/*网页主体内容区域定义开始*/
#container {                          /*主体内容盒子样式*/
    width:860px;
    height:auto;
    margin:0 auto;
}
.content {                           /*每块内容所在盒子的样式*/
    height:auto;
    margin:5px auto;
    clear: both;
}
.adv_pic1,.adv_pic2{                  /*广告图片区域的样式*/
    height: 50px;
    background: #99FFFF;
    margin-bottom:5px;
}
.adv_pic1{                           /*左侧广告图片的样式*/
    width: 585px;
    float: left;
}
.adv_pic2{                           /*右侧广告图片的样式*/
    width: 270px;
    float: right;
}
/*第一部分内容的样式，两列布局*/
.content1_left,.content1_right{        /*两列共同样式*/
     height: 150px;
```

```
        background: #99FFFF;
        margin-bottom: 5px;
    }
    /*左侧内容区域的样式，靠左浮动*/
    .content1_left{
        width:585px;
        float: left;
    }
    /*右侧内容区域的样式，靠右浮动*/
    .content1_right{
        width:270px;
        float: right;
    }
    /*第二部分内容区域的样式，三列布局*/
    .content2_left,.content2_center,.content2_right{  /*三列共同样式*/
        height: 150px;
        background: #99FFFF;
        margin-bottom: 5px;
    }
    /*左侧和中间内容区域的样式，靠左浮动*/
    .content2_left,.content2_center{
        width: 290px;
        float: left;
        margin-right: 3px;
    }
    /*右侧内容区域的样式，靠右浮动*/
    .content2_right{
        width: 270px;
        float: right;
    }
    /*页脚样式，宽度固定*/
    footer {
        clear:both;
        width: 860px;
        height:50px;
        margin: 2px auto;
        background-color:#66CCFF;
    }
</style>
```

【说明】(1) 例 7-3-4 中，页面不同区域的宽度不同，导航区域宽度 100%，其他区域固定，不同区域用 DIV 进行分割布局。

(2) 实际网页设计中，网页内容较多时，广告区域和内容区域可自上而下重复出现，再根据需要进行两列或三列布局。

(3) 有的网站为了美观，令网页的 Banner 宽度 100%。实际网页设计，可根据需要灵活设计。

(4) 实际的网页设计中，一般页面固定部分的宽度是 1160px。

7.4　实　践　训　练

实践实训.mp4

【实训任务】制作爱德照明网站的首页主体部分，本例文件 7-4.html 在浏览器中的显示效果如图 7-29 所示。

图 7-29　首页主体部分

【知识要点】盒子模型的特点及常用属性、元素的定位与浮动。

【实训目标】掌握综合使用 CSS 布局页面的技术。

7.4.1　任务分析

1. 页面结构分析

根据页面效果图和经验分析得知，页面整体内容可以放在一个 div 中。在这个 div 中再嵌套 3 个 div，自左向右排列。

2. CSS 样式分析

(1) 整个页面的布局通过 div 盒子实现，宽度为 1100px，左右居中。

(2) 左侧的 div 盒子向左浮动，其中嵌套放置视频的 div 和放置联系方式的 div。中间的 div 盒子也向左浮动，其中是企业新闻无序列表。右侧的 div 向右浮动，其中放置客户案例图片和客户案例无序列表项。需要注意的是，3 个盒子之间需要留至少 3px 的空间，防止出现页面错位。

(3) 对超链接 MORE，使用绝对定位方式。

3. 准备素材

在"案例"文件夹下创建文件夹 media，用于存放视频文件。

将本页面需要使用的图像素材和视频文件分别存放在文件夹 img 和 media 中。

7.4.2 任务实现

1. 创建页面文件

(1) 启动 HBuilder X,将需要的图片资料复制到当前项目的 img 文件夹中。

(2) 在当前项目中新建一个 HTML5 文档,文件名为 7-4.html,页面文件结构代码如下。

```html
<head>
  <link href="CSS/7-4.css" rel="stylesheet" type="text/css">
  <title>网站首页主体部分</title>
</head>
<body>
  <div id="main">
    <div class="main_left">
     <h3> 产品展示</h3>
     <video src="media/led.mp4" autoplay loop controls ></video>
     <div class="lianxi">
      <p><img src="img/telephone.jpg">0633-3981234<br/>400-180-6789</p>
      <p><img src="img/envelope.jpg">地址:山东省日照市学苑路<br/>科技工业园 A 区
16 号 </p>
     </div>
    </div>
    <div class="main_center">
      <h3>企业新闻</h3> <a href="#" target="_blank" class="more">MORE&raquo;</a>
      <ul>
       <li><a href="news_details.html">2023 年中国 LED 移动照明市场现状及市场规模
预测分析报告</a></li>
       <span class="date">2023-03-30</span>
       <li><a href="">LED 灯具国内业务市场研讨会 LED 灯具国内业务发展会在北京顺利召开
</a></li>
       <span class="date">2023-03-03</span>
       <li><a href="">2022-2027 年中国 LED 显示屏行业市场全景调研及投资价值评估报告
</a></li>
       <span class="date">2023-03-03</span>
       <li><a href="">OLED 照明市场的机会与挑战 -- LEDinside</a></li>
       <span class="date">2023-03-03</span>
       <li><a href="">2023 年移动照明行业整体及细分市场规模研究报告</a></li>
       <span class="date">2023-03-03</span>
       <li><a href="">智能照明进入高速发展,工业及商业为最大应用场景</a></li>
       <span class="date">2023-03-03</span>
       <li><a href="">亮度超 20000 尼特,芯视元成功点亮单绿色 Micro OLED 模组
</a></li>
       <span class="date">2023-03-03</span>
      </ul>
    </div>
    <div class="main_right">
      <h3>客户案例</h3>  <a href="#" target="_blank" class="more">MORE&raquo;</a>
      <div class="imgbox">
```

```
    <img src="img/led_jgd9.jpg"/>
   </div>
   <ul>
    <li><a href="#">日照水上运动中心亮化工程，美丽的海滨城市</a></li>
    <li><a href="#">夜景亮化工程公司--美化城市的夜空</a></li>
    <li><a href="#">小区数码管亮化--建设美丽和谐的生活环境</a></li>
    <li><a href="#">水世界楼体亮化--旅游盛景，等你欣赏美景</a></li>
    <li><a href="#">开发区委会夜景亮化--2022 年 3 月完工</a></li>
    <li><a href="#">中国共产党成立 100 周年文艺演出舞台显示项目</a></li>
    <li><a href="#">西安国贸购物中心曲面裸眼 3D 显示屏</a></li>
   </ul>
   </div>
</div>
</body>
```

2. 创建 CSS 样式文件

在 css 文件夹下新建一个名为 7-4.css 的样式表文件，代码如下。

```
*{ margin:0; padding:0; }
body{          /*设置页面的整体样式*/
  width:1100px;                              /*宽度为1100px*/
  margin:0 auto;                             /*页面自动居中对齐*/
  font-family: "微软雅黑";                    /*字体为"微软雅黑"*/
  font-size:13px;                            /*文字大小为13px*/
  color:#333;                                /*文字颜色为灰色*/
  position:relative                          /*相对定位*/
}
h3{       /*h3 标题的样式*/
  font-size:16px;
  color:#545861;                             /*文字颜色为浅灰色*/
  font-weight:500;                           /*文字粗细为500*/
}
/*首页中部-主体部分样式开始*/
#main{
height: auto;
  clear:both;                                /*清除两侧浮动*/
  margin-top: 20px ;                         /*上外边距20px*/
}
#main .main_left,#main .main_center,#main .main_right{
                          /*定义主体部分的左、中、右三块*/
  padding:0px 20px;       /*上、下内边距为0px，左、右内边距为20px*/
  position:relative;                         /*相对定位*/
}
#main h3{
  font-size:16px;
  color: #545861;
  font-weight:500;                           /*文字粗细为500*/
  margin-bottom:12px ;                       /*下外边距为12px*/
}
```

```
/*主体左侧样式开始*/
#main .main_left{
  width:280px;                              /*左侧宽度共 280px+20px=300px*/
  padding-left:0px;                         /*左内边距为 0px*/
  float:left;
}
#main .main_left video{
  width:280px;
  height:250px;
  background-color:#DDDDDD;
  border: 1px solid #CCCCCC;
}
/*首页联系方式盒子样式开始*/
#main .main_left .lianxi{
  width:250px;                              /*250px+15px+15px=280px*/
  height: auto;
  border:1px solid #DDDDDD;
  border-radius:5px;
  margin-top:15px;
  padding:0 15px;                           /*左右内边距都是 15px*/
}
#main .main_left .lianxi p{
  height:50px;
  line-height:20px;
  margin-top:8px;
}
#main .main_left .lianxi img{
  width:43px;
  height:43px;
  float:left;
  margin-right:15px ;
}
/*首页联系方式盒子样式结束*/
/*主体左侧样式结束*/
/*主体中部样式开始--企业新闻样式*/
#main .main_center{
  width:400px;                              /*中间宽度共 400+20+20+3+3=446px*/
  border-left:3px solid #DDD;               /*左边框为 3px 的浅灰色实线*/
  border-right:3px solid #DDD;              /*右边框为 3px 的浅灰色实线*/
  margin-bottom:10px;                       /*下外边距为 10px*/
  float: left;
}
#main .main_center ul li{                   /*列表项的样式*/
  border-top:1px dotted #999999;            /*上边框为 1px 的灰色点线*/
  padding:5px 0px;             /*上、右、下、左内边距依次为 5px、0px、5px、0px*/
  white-space:nowrap;                       /*强制文本不能换行*/
  overflow:hidden;                          /*隐藏溢出文本*/
  text-overflow:ellipsis;                   /*溢出文本被修剪，显示省略号*/
```

高职高专立体化教材计算机系列

```
    line-height:19px;                        /*行高为 19px*/
}
#main .main_center ul li:before{
    content:url(../img/triangle-icon-blue.jpg);   /*在列表项内容前插入三角图标*/
    padding-right:4px;                           /*右内边距为 4px*/
}
#main .main_center .date{
    color:#999999;
    display:block;              /*块级元素*/
    margin:0 0 10px 10px;       /*上、右、下、左外边距依次为 0px、0px、10px、10px*/
}
/*主体中部样式结束*/
/*主体右侧样式开始*/
#main .main_right{
    width:330px;                   /*右侧宽度共 330+20=350px*/
    padding-right:0px ;            /*右内边距为 0px*/
    float:right;
}
#main .main_right .imgbox{         /*客户案例的盒子样式*/
    width:330px;
    height:200px;
    position:relative;
    overflow:hidden;
}
#main .main_right .imgbox img{     /*客户案例的图片样式*/
    width:325px;
    height:200px;
}
#main .main_right ul li{
    line-height:27px;              /*行高为 27px*/
    margin-left:20px ;             /*左内边距为 20px*/
}
/*主体部分无序列表中超链接样式定义*/
#main ul a{
    text-decoration:none;          /*文本无修饰*/
    color:#333333;
}
/*定义 MORE 的样式*/
#main .more
{
    position:absolute;             /*绝对定位*/
    top:10px;                      /*距顶部 10px*/
    right:20px;                    /*离右边 20px*/
    text-decoration:none;          /*无修饰*/
    color:#0091D8;
}
/*首页中部-主体部分样式结束*/
```

173

3. 浏览网页

在 Chrome 浏览器中浏览网页，效果如图 7-29 所示。

【实训说明】(1) 页面总宽度 1100px，3 个并列的盒子宽度固定，左侧盒子所占空间宽度 300px，中间盒子所占空间宽度 446px，右侧盒子所占空间宽度 350px。3 个盒子宽度之和 1096px，比页面总宽度小 4px，通过浮动在盒子之间留下 4px 的空隙。

(2) 在 CSS 定位布局中，一般遵循"外部相对定位，内部绝对定位"的原则。

7.5 拓 展 知 识

1. HTML5 新增标签 figure 和 figcaption。
2. 网页宽度自适应布局。
3. 简单的响应式布局。

网页布局拓展知识.docx

拓展知识.mp4

7.6 本 章 小 结

本章首先介绍了使用页面布局标签+CSS 布局、元素的浮动、不同浮动方向呈现的效果、清除浮动的常用方法，然后讲解了元素的定位属性及网页中常见的几种定位模式，最后讲解了典型的 CSS 布局及网页中常见的两列布局和三列布局。在本章的最后，使用 CSS 布局技术制作了爱德照明网站的首页主体部分。

通过本章的学习，读者应该能够熟练运用页面布局相关知识进行网页布局，掌握浮动和定位技术，掌握典型的 CSS 布局方式。

7.7 练 习 题

一、选择题(请扫右侧二维码获取)

二、综合训练题

课后练习题.docx

1. 制作如图 7-30 所示的两列固定宽度的居中型页面布局。

2. 制作如图 7-31 所示的页面布局，页头和页脚宽度为 100%，中间主体部分是固定宽度的三列。

3. 使用本章知识，设计如图 7-32 所示网页的布局结构。

图 7-30　练习题 1 效果图

图 7-31　练习题 2 效果图

图 7-32　网站页面

第 **8** 章

链接与导航

本章要点

　　网页中的链接、列表与菜单随处可见，本章将讲解使用 CSS 设置链接与导航菜单的方法。

学习目标

- 理解链接的 4 种状态，能够根据它们所处的状态来设置其样式。

- 掌握文字链接和图像链接样式的设置，能够制作不同区域的链接效果。

- 掌握纵向导航菜单的设计，能够制作网站的产品列表。

- 掌握使用 CSS 设置横向导航菜单的常用方法。

- 培养规范的编码风格和较强的网页美工设计能力。

8.1 链接样式

8.1.1 教学案例

【案例展示】利用 CSS 设置链接样式的基本知识制作产品中心——景观路灯局部页面，为图片和文字设置超链接，本例文件 8-1.html 在浏览器中的效果如图 8-1 所示。

教学案例.mp4

图 8-1　产品中心——景观路灯局部页面

【知识要点】掌握使用 CSS 设置链接样式的常用方法。

【学习目标】超链接的 4 种状态及设置顺序。

8.1.2 设置文字链接样式

链接伪类中通过:link、:visited、:hover 和:active 来控制链接内容在被访问前、访问后、鼠标悬停时以及用户激活时的样式。需要说明的是，这 4 种状态的顺序不能颠倒，否则可能会导致伪类样式不能实现。

1. 定义文字链接的样式

通过链接伪类，定义超链接文字在不同状态下的显示效果。

【例 8-1-1】定义文字链接的样式。对于本例文件 8-1-1.html，当鼠标未悬停时文字链接的效果如图 8-2 所示，鼠标悬停在文字链接上时，文本变成红色带下划线，效果如图 8-3 所示。页面关键代码如下。

设置文字链接样式.mp4

```
<head>
  <title>超链接样式</title>
  <style type="text/css">
    .nav a {
      padding:8px 15px;
```

```
        text-decoration:none;
    font-size:20px;
    }
    .nav a:hover {    /*鼠标悬停时样式*/
     color:#f00;
     text-decoration:underline;
   }
  </style>
</head>
<body>
  <nav>
    <a href="#">首页</a>
    <a href="#">关于</a>
    <a href="#">客服</a>
    <a href="#">联系</a>
  </nav>
</body>
```

图 8-2　鼠标未悬停时文字链接的外观

图 8-3　鼠标悬停时文字链接的外观

2. 定义网页中不同区域的链接样式

通过后代选择器，可定义不同区域的超链接文本的样式。

【例 8-1-2】定义网页中不同区域的链接样式。本例文件中，为导航区域和页脚区域的超链接定义不同的样式，当鼠标经过导航区域时，文本变成蓝色带上划线，如图 8-4 所示。当鼠标经过"客户服务中心"文字超链接时，文本变成红色带下划线，如图 8-5 所示。

定义不同区域的
链接样式.mp4

本例文件 8-1-2.html 的关键代码如下。

```
<head>
  <title>使用 CSS 制作不同区域的超链接风格</title>
  <style type="text/css">
    /*导航区域的链接样式定义*/
        nav{
           text-align:center;
           background-color: #DDD;
        }
        nav a:link {                    /*未访问的链接样式*/
           color: #ff0000;
           text-decoration: underline;
           font-size: 23px;
           font-family: "华文细黑";
        }
        nav a:visited {                 /*访问过的链接样式*/
           color: #0000ff;
```

```
                        text-decoration: none;
                    }
                nav a:hover {                        /*鼠标经过的链接样式*/
                    color: #00f;
                    text-decoration: overline;       /*上划线*/
                }
            /*页脚区域的链接样式定义*/
            footer{
              text-align:center;
              margin-top:120px;
            }
            footer  a:link {                         /*未访问的链接样式*/
                font-size: 17px;
                color: #0000ff;
                text-decoration: none;
            }
            footer  a:visited {                      /*访问过的链接样式*/
                color: #00ffff;
                text-decoration: none;
            }
            footer  a:hover {                        /*鼠标经过的链接样式*/
                color: #cc3333;
                text-decoration: underline;          /*下划线*/
            }
   </style>
</head>
<body>
  <h2 align="center">Led 灯网店</h2>
  <nav>
   <a href="#">首页</a>   
   <a href="#">关于</a>   
   <a href="#">客服</a>   
   <a href="#">联系</a>
  </nav>
  < footer>
     版权所有 &copy;  <a href="#">客户服务中心</a>
  </footer>
</body>
```

图 8-4　鼠标经过导航区域时的链接风格

图 8-5　鼠标经过"客户服务中心"时的链接风格

【说明】(1) 在指定超链接样式时，建议按:link、:visited、:hover 和:active 的顺序指定。如果先指定:hover 样式，然后再指定:visited 样式，则在浏览器中显示时，:hover 样式将不起作用。

(2) 页面中的导航用 nav 标签定义，页脚用 footer 标签定义，再分别定义它们的后代选择器，因此导航区域的超链接风格有别于页脚版权区域文字的超链接风格。

8.1.3 设置图像链接样式

在制作网页时，常常会为网页上的某些图片添加超链接，当用户点击该图片时，浏览器立即转入该超链接所指向的地址。

在设计样式时，可以为图片定义不同状态下的样式，以增强交互性，如改变图像的大小、修改图片的透明度等。使用 CSS 样式设计图片链接，能够让网页更加美观，提高用户体验。

设置图像链接
样式.mp4

【例 8-1-3】设置图片链接样式。本例文件为 8-1-3.html，当鼠标未悬停在链接图片上时效果如图 8-6 所示，图片透明度为 0.5；当鼠标悬停在链接图片上时效果如图 8-7 所示，图片大小改变，透明度为 1.0。页面的关键代码如下。

```
<head>
    <title>图文链接</title>
    <style type="text/css">
    a img{
        width: 160px;
        height: 160px;
        opacity: 0.5;
        box-sizing: border-box;        /*定义图片宽度和高度包含边框*/
        border:3px solid transparent;  /*透明边框*/
        }
    a:hover img{
        border: none;
        opacity: 1.0;
        border: none;
        }
    </style>
</head>
<body>
    <a href="#"><img src="img/pro_info_1.jpg"></a>
    <a href="#"><img src="img/pro_info_2.jpg"></a>
</body>
```

图 8-6　鼠标未悬停时链接效果

图 8-7　鼠标悬停时链接效果

【说明】本例 CSS 代码中,定义了图片的"box-sizing: border-box;"属性,当鼠标悬停在链接图片上,图片显示边框,图片出现放大效果,同时透明度修改。

8.1.4 案例制作

设计产品中心——景观路灯局部页面的步骤如下。

案例制作.mp4

1. 创建项目,准备素材

创建项目,将需要的图片文件复制到 img 文件夹中。如果已建项目,则将图片素材复制到已建项目的 img 文件夹中即可。

2. 创建网页结构文件

在当前项目中创建 HTML5 网页文件,文件名为 8-1.html。

在网页中定义一个 div 盒子,在其中创建无序列表,列表项目为图片和文字。为图片和文字设置超链接不同状态下的样式,页面文件的 HTML 代码如下。

```
<body>
    <div class="products">
        <ul>
            <li><a href="#"><img src="img/led_jgd1.jpg"><br/>
                仿古锥形广场景观灯柱</a>
            </li>
            <li><a href="#"><img src="img/led_jgd2.jpg"><br/>
                镂空方柱形景观灯柱</a>
            </li>
            <li><a href="#"><img src="img/led_jgd3.jpg"><br/>
                红色中国梦特色路灯</a>
            </li>
            <li><a href="#"><img src="img/led_jgd4.jpg"><br/>
                方柱形太阳能景观路灯</a>
            </li>
            <li><a href="#"><img src="img/led_jgd5.jpg"><br/>
                内透光中式方形景观灯</a>
            </li>
            <li><a href="#"><img src="img/led_jgd6.jpg"><br/>
                现代园林庭院景观灯</a>
            </li>
            <li><a href="#"><img src="img/led_jgd7.jpg"><br/>
                古典浮雕祥云景观灯柱</a>
            </li>
            <li><a href="#"><img src="img/led_jgd8.jpg"><br/>
                立柱仿云石 LED 景观灯</a>
            </li>
        </ul>
    </div>
</body>
```

3. 外部样式表

创建外部 CSS 样式以美化图片和文字信息列表。在文件夹 css 下新建一个名为 8-1.css 的样式表文件，代码及分析如下。

(1) 用*{}定义所有元素的默认内边距和外边距为 0，这样易于控制边距以进行布局，代码如下。

```
*{ margin:0px;  padding:0px;  }
```

(2) 定义 div 盒子的类样式.products，代码如下。

```
.products{
    width:825px;
    height: auto;
    margin: 20px auto;          /*外边距上下 20PX，左右 auto*/
    }
```

(3) 定义无序列表<ul>的样式，代码如下。

```
ul{ list-style:none;                    /*不显示列表项目标记符号*/  }
```

(4) 为了实现<li>列表项的横向排列，使用属性"float:left;"；设置外边距，以实现各个列表项之间以及其他元素之间的合理布局，代码如下。

```
ul li{
    width:198px;               /*无序列表 ul 的总宽度=198*4+4*8=824px*/
    height:280px;
    float:left;                /*靠左浮动，实现在一行上显示*/
    margin: 4px;
    font-size:14px ;
    text-align: center;
    }
```

(5) 设置图片的宽度和高度，定义"box-sizing: border-box;"属性，将 border 和 padding 数值包含在 width 和 height 之内，这样修改 border 时图片大小不变，代码如下。

```
ul li img{
    width:194px;
    height:230px;
    box-sizing: border-box;    /*实现修改 border 时图片大小不变。*/
    }
```

(6) 设置超链接文字的样式，去掉默认的下划线，代码如下。

```
ul li a{
    text-decoration:none;      /*文本无修饰*/
    color:#444;
    }
```

(7) 设置当鼠标悬停在超链接文本上时，文字颜色的变化，代码如下。

```
ul li a:hover {                /*鼠标悬停时的样式*/
    color:#0091D8;
    }
```

(8) 设置当鼠标悬停在超链接图片上时，图片加上边框。因为设置了"box-sizing: border-box;"属性，图片边框也包括在定义的宽度和高度 198px 内，所以当鼠标指向图片时，图片宽度和高度分别缩小 4px，出现动态效果，代码如下。

```
ul li a:hover img{                    /*鼠标悬停时的图片样式*/
    border:2px solid #0091D8;         /*图片加边框*/
    }
```

4. 浏览网页

在浏览器中浏览已制作完成的页面，效果如图 8-1 所示。

8.2　纵向导航菜单的设计

8.2.1　教学案例

【案例展示】使用 CSS 设置纵向导航菜单的基本知识制作"产品中心"页面的左侧导航菜单，本例文件 8-2.html 在浏览器中的显示效果如图 8-8 所示。

教学案例.mp4

图 8-8　"产品中心"页面的左侧导航

【知识要点】普通的链接导航菜单、纵向列表导航菜单。
【学习目标】掌握使用 CSS 设置纵向导航菜单的常用方法。

8.2.2　纵向导航菜单

普通的链接导航菜单的制作比较简单，主要采用将文字链接从"行级元素"变为"块级元素"的方法来实现，让横向排列的超链接变成纵向显示。

纵向导航菜单
设计.mp4

【例 8-2-1】制作超链接导航菜单，鼠标未悬停在菜单项上时的效果如图 8-9 所示，鼠标悬停在菜单项上时的效果如图 8-10 所示。

图 8-9　鼠标未悬停时的超链接导航菜单　　　　图 8-10　鼠标悬停时的超链接导航菜单

页面文件 8-2-1.html 的关键代码如下。

```
<head>
  <title>超链接导航菜单</title>
  <style type="text/css">
    #menu {
        font-size:16px;
        font-weight:bold;
        width:140px;
        margin:0 auto;
        }
    #menu a, #menu a:visited{        /*超链接默认样式*/
        display:block;               /*块级元素显示*/
        color:#333;
        text-decoration:none;
        height: 50px;
        line-height: 50px;
        margin-bottom: 1px;
        background:#DDD;
        text-align: center;
        }
    #menu a:hover{                   /*鼠标经过超链接时样式*/
        color:#63f;
        background-color:#AAA ;
        text-decoration: underline;
        }
  </style>
</head>
<body>
  <div id="menu">
      <a href="#">网站首页</a>    <a href="#">关于我们</a>
      <a href="#">客服电话</a>    <a href="#">联系方式</a>
  </div>
</body>
```

　　【说明】超链接元素是行级元素，有多个超链接时默认会在一行显示。为了实现纵向显示的导航菜单，可设置超链接的"display:block;"属性，并设置超链接元素的宽度、高度、背景等属性，进行页面美化。

8.2.3 案例制作

案例制作.mp4

下面设计产品中心页面的左侧导航菜单。

1. 网页结构

在页面中创建一个包含无序列表的 div 容器，该容器包含一个列表，此列表包含若干列表项，每个列表项中又包含一个用于实现导航菜单的文字链接。

2. 网页结构文件

在当前文件夹中，新建一个名为 8-2.html 的网页文件。

导航菜单用无序列表实现，页面代码如下。

```html
<body>
 <div id="content-left">
          <ul>
       <li class="tp">产品中心</li>
          <li ><a href="">LED 景观路灯</a></li>
          <li class="selected"><a href="#">LED 射灯</a></li>
          <li><a href="#">LED 霓虹灯</a></li>
          <li><a href="#">LED 瓦楞灯</a></li>
          <li><a href="#">LED 数码灯</a></li>
          <li><a href="#">LED 点光源</a></li>
          <li><a href="#">LED 墙角灯</a></li>
          <li class="yj"></li>
      </ul>
    </div>
</body>
```

3. 设置容器及列表的样式

在 css 文件夹中创建外部样式文件 8-2.css，设置菜单 div 容器的样式、菜单列表及列表项的样式，代码如下。

```css
body,html,div,ul,li,a{
    margin:0;    padding: 0;
}
/*二级页面中间-左侧样式*/
#content-left{
  width:250px;
  height:auto;              /*自动默认高度*/
  margin:10px;              /*外边距为10px*/
}
/*设置左侧纵向导航菜单的样式*/
#content-left ul{
  list-style:none;          /*不显示项目列表符号*/
  width:250px;
  background:#fff;          /*白色背景*/
  margin:0 auto;            /*上下外边界为0，左右根据宽度自适应相同的值(即居中)*/
```

```
  }
#content-left ul li{          /*设置列表项的样式*/
  width:170px;               /*宽度为170px，加上左内边距80px，正好为250px*/
  height:50px;
  margin-bottom:1px;         /*下外边距为1px，露出白色背景*/
  padding-left:80px ;        /*左内边距为80px*/
  background:#D9ECF9 ;
  font-size:15px;
  line-height:55px;          /*行高为55px*/
  text-align:left;           /*文字左对齐*/
  }
/* 对当前选择的菜单项设置样式，文本后加三角形图标 */
#content-left ul li.selected :after{
    content: url(../img/triangle-icon-blue.png);
    margin-left: 25px;
    }
/*需要单独控制的列表项，第一个和最后一个列表项的样式*/
#content-left ul .tp{
  font-size:18px;
  font-weight:500;
  padding:0px;                        /*内边距为0px*/
  text-align:center;
  width:250px;
  height:65px;
  line-height:70px ;
  background: #AADDFF;
  }
#content-left ul .yj{
  height:20px;
  border-radius:0 0 0 10px;          /*左下圆角半径为10px，其他角为直角*/
}
```

设置容器及列表的 CSS 样式之后，菜单项的显示效果并不理想，还需要进一步美化。接下来设置菜单项超链接和鼠标悬停时链接的样式，代码如下。

```
#content-left ul li a:link, #content-left ul li a:visited{
  color:#333;
text-decoration:none;          /*不要下划线*/
}
#content-left ul li a:hover{
  color: #0091D8;
}
```

4. 浏览网页

在浏览器中浏览制作完成的页面，效果如图 8-8 所示。

8.3　横向导航菜单的设计

网站建设中，横向主导航菜单是整个网站中各个网页之间链接的枢纽。横向主导航菜单的设计会直接影响网页的布局和功能，因此它是网页设计中重要的部分。

8.3.1　教学案例

教学案例.mp4

【案例展示】使用 CSS 设置网站中横向主导航菜单。本例文件 8-3.html 在浏览器中的显示效果如图 8-11 所示，鼠标悬停时导航菜单的显示效果如图 8-12 所示。

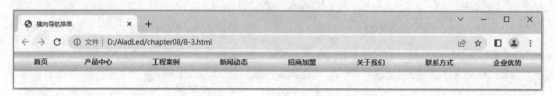

图 8-11　横向导航菜单的显示效果

图 8-12　鼠标悬停时横向导航菜单的显示效果

【知识要点】导航菜单的横竖转换、用无序列表设计横向导航菜单的技术。

【学习目标】掌握使用 CSS 设置横向导航菜单的常用方法。

8.3.2　案例制作

案例制作.mp4

下面学习设计网站主导航菜单的技术。

横向导航可利用 HTML5 提供的<nav>标签实现，它是在保持原有 HTML 结构不变的情况下，将纵向显示的无序列表导航转变成横向导航，其中最重要的环节就是设置<li>标签为浮动标签。

1. 网页结构文件

首先设计网页文件 8-3.html，导航菜单用无序列表实现，页面文件代码如下。

```
<head>
  <title>横向导航菜单</title>
  <link href="css/8-3.css" type="text/css" rel="stylesheet" >
</head>
<body>
  <nav>
     <ul>
```

```
        <li><a href="#">首页</a></li>
        <li><a href="#">产品中心</a></li>
        <li><a href="#">工程案例</a></li>
        <li><a href="#">新闻动态</a></li>
        <li><a href="#">招商加盟</a></li>
        <li><a href="#">关于我们</a></li>
        <li><a href="#">联系方式</a></li>
        <li><a href="#">企业优势</a></li>
      </ul>
    </nav>
</body>
```

2. 设置容器、列表和超链接的样式

创建外部样式文件 8-3.css，定义容器及列表的样式，代码如下。

```
* {inargin:0; padding:0;}
nav {
  margin-bottom:5px;
  height:36px;
  /*定义渐变背景，自下向上渐变*/
  background-image: linear-gradient(0deg,#9ce,#fff 60%,#9ce 100%);
  border-bottom:1px solid #DBEAEE;
  border-top:1px solid #DBEAEE;
}
nav ul {                           /*设置菜单列表的样式*/
  list-style-type:none;            /*不显示项目符号*/
}
nav ul li {                        /*设置菜单列表项的样式*/
  display:inline;                  /*定义成行内元素，在一行显示*/
  line-height:36px;                /*行高为 36px*/
}
```

设置菜单项超链接的样式，通过定义"display:inline-block;"属性设置超链接元素 a 为行内块级元素，通过设置内边距和外边距调整超链接的间距，代码如下。

```
nav ul li  a{
  display:inline-block;           /*内联元素*/
  width:90px;
  height:36px;
  padding:0px 8px 0px 8px;        /*上、右、下、左内边距依次为 0px、8px、0px、8px*/
  margin:0 10px 0 20px;           /*上、右、下、左外边距依次为 0px、10px、0px、20px*/
  text-decoration:none;           /*链接无修饰*/
  text-align:center;              /*文字居中对齐*/
  font-family:tahoma;
  font-size:14px;
  font-weight:bold;               /*字体加粗*/
}
nav ul li:nth-child(1) a{         /*设置第一个导航菜单项"首页"的宽度为 50px*/
  width: 60px;
  }
```

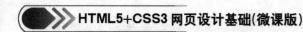

定义链接样式,当鼠标悬停时,变换背景和文本颜色,代码如下。

```
nav ul li a:link, nav ul li a:visited {        /*定义普通链接、访问过的链接的样式*/
  color:#333;                                    /*浅黑色文字*/
}
nav ul li a:active,nav ul li a:hover {          /*激活链接和悬停链接的样式*/
  color:#FFF;                                    /*白色文字*/
  background-image:linear-gradient(0deg,#36c,#9CE 60%,#fff 100%);
}
```

3. 浏览网页

在 Chrome 浏览器中浏览网页,效果如图 8-11 和图 8-12 所示。

8.3.3　设计分页导航按钮

设计分页导航
按钮.mp4

在搜索引擎或电子商务网站上,常常将信息分页显示,这样可以减少页面大小,进而提高页面的加载速度。页面分页显示后,就需要通过分页导航快速定位和查找需要的内容。因此,分页导航也是很常见的、很重要的一种导航。

下面通过设计产品中心页面上产品列表中的分页导航按钮,学习分页导航的设计技术。

【例 8-3-1】使用 CSS 的基本知识制作产品列表中的分页导航按钮。页面效果如图 8-13 所示,其中当前列表页的导航按钮加背景颜色。

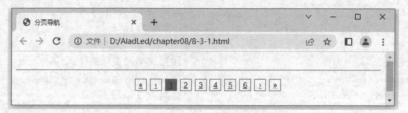

图 8-13　分页导航按钮的显示效果

(1) 在当前文件夹中,新建一个名为 8-3-1.html 的网页文件,关键代码如下。

```
<head>
  <title>分页导航</title>
  <link href="css/8-3-1.css" type="text/css" rel="stylesheet">
</head>
<body>
  <div class="page">
    <hr>
    <ul>
        <li><a href="">&laquo;</a></li>
        <li><a href="">&#8249;</a></li>
        <li><a href="">1</a></li>
        <li><a href="">2</a></li>
        <li><a href="">3</a></li>
        <li><a href="">4</a></li>
        <li><a href="">5</a></li>
```

```
        <li><a href="">6</a></li>
        <li><a href="">&#8250;</a></li>
        <li><a href="">&raquo;</a></li>
    </ul>
  </div>
</body>
```

(2) 设置容器、列表和超链接的样式，创建外部样式文件 8-3-1.css，设置页码导航 div 容器的类样式.page、导航无序列表及列表项的样式。

首先设置 div 容器和无序列表的样式。

```
.page{
    clear:both;
    text-align:center;
    padding:15px 0 ;
}
.page ul{
    margin-top:10px;              /*上外边距为 10px*/
}
.page li{
    display:inline;               /*在一行上显示*/
}
```

设置容器及列表的 CSS 样式之后，导航列表项的显示效果并不理想，还需要进一步美化。接下来设置导航列表项未访问过及鼠标悬停的样式，代码如下。

```
.page  a{
    display:inline-block;          /*实现列表项在一行显示*/
    width:20px;
    height:20px;
    border:1px solid #0091D8;
    font-size:14px;
    text-align:center;
    line-height:20px;
    font-family:arial;
}
.page  li:nth-child(3) a{           /*为第三个 li 元素加背景*/
    background-color:#0091D8;
}
.page  a:hover{                     /*设置鼠标悬停时的背景色*/
background-color:#DDD;
}
```

在浏览器中浏览已制作完成的页面，效果如图 8-13 所示。

【说明】实现无序列表的列表项横向显示，可以使用列表项的"display: inline-block"属性，也可以使用"float:left"属性。

8.3.4 下拉菜单设计

当网站内容丰富、导航菜单较多时，往往需要设计二级导航菜单。设计

下拉菜单

设计.mp4

二级导航菜单时，根据页面布局需要，可以设计成纵向的，也可以设计成横向的。

下面通过案例学习横向主导航菜单的下拉菜单的设计技术。

【例 8-3-2】使用 CSS 的基本知识设计下拉菜单。初始页面效果如图 8-11 所示，当鼠标经过某个菜单项时，显示其下拉菜单，如图 8-14 所示。

图 8-14　鼠标经过时纵向二级下拉菜单显示效果

1. 页面结构分析

网页导航菜单由横向主导航菜单和下拉菜单构成，横向主导航菜单用无序列表实现，一级菜单的 li 元素中嵌套无序列表，为嵌套的无序列表设计 CSS 样式实现下拉菜单。

2. 创建网页文件

在当前文件夹中，新建一个名为 8-3-2.html 的网页文件，关键代码请扫右侧二维码获取。

下拉菜单页面
Html 代码.docx

3. 创建 CSS 样式表文件

在 css 文件夹中创建 8-3-2.css 文件，对页面元素进行样式定义，实现下拉菜单功能。CSS 样式代码请扫右侧二维码获取。

下拉菜单 CSS
样式代码.docx

8.4　实 践 训 练

【实训任务】制作网站二级页面"产品中心"页面，本例文件 8-4.html 在浏览器中的显示效果如图 8-15 所示。

实践训练.mp4

【知识要点】设置链接样式、列表样式与导航菜单样式。

【实训目标】掌握综合使用 CSS 设置链接、列表与导航菜单的方法。

图 8-15 产品中心页面

8.4.1 任务分析

1. 页面结构分析

页面布局的首要任务是弄清楚网页的布局方式，分析版式结构。本例页面为两列固定布局，自上向下分成头部、主导航菜单、页面主体和页面底部 4 个部分。主体内容包括左侧的产品中心导航列表和右侧的景观路灯展示内容。

2. CSS 样式分析

(1) 整个页面的布局由 header、nav、div 和 footer 进行分块。

(2) 中部 div 嵌套左侧的 aside 和右侧的 div。

(3) 景观路灯用无序列表实现，列表项内容为图片和文本，无序列表项定义为向左浮动。

(4) 翻页导航按钮用无序列表实现，无序列表定义为在一行上显示。

3. 准备素材

将本页面需要使用的图像素材存放在文件夹 img 下。

8.4.2 任务实现

根据上面的分析，创建网页文件和外部样式文件。

1. 创建页面文件

(1) 启动 HBuilderX，在当前项目中新建 HTML5 文档，文件名为 8-4.html。

(2) 在 HBuilderX 编辑区编辑文件，页面文件结构的关键代码请扫右侧二维码获取。

(3) 创建外部样式表。在文件夹 css 下新建一个名为 8-4.css 的样式表文件，样式设计步骤和内容如下，完整的样式表文件内容请扫右侧二维码获取。

实践训练页面
Html 代码.docx

① 定义页面整体布局样式，包括 body、超链接 a 和各级标题的 CSS 样式。

② 定义网页头部样式，包括网站 Logo、Banner、头部链接和文本的样式。

实践训练 CSS
样式代码.docx

③ 定义网站导航部分样式。用无序列表实现导航，导航区域设置渐变背景。每个列表项是一个超链接，每个超链接定义成块级元素，并定义默认样式和鼠标经过样式。

④ 定义网页主体内容区域样式，主体区域宽度 1100px。

⑤ 定义页面主体内容区域左侧导航的样式，纵向导航用无序列表实现。

⑥ 定义网页主体部分右侧区域的样式，包括标题、产品列表和翻页导航按钮的样式。

⑦ 定义内容区域的样式，包括内容区域盒子的样式、无序列表中图文的样式。

⑧ 定义分页导航按钮的样式，用无序列表实现分页导航。

⑨ 定义网页页脚区域的样式，包括页脚盒子的样式、页脚导航的样式和公司地址信息的样式等。

(4) 在浏览器中浏览制作完成的页面，效果如图 8-15 所示。

【实训说明】(1) 本例介绍了网站中产品中心页面的制作，重点练习综合使用 CSS 设置链接、列表与导航菜单的技术。

(2) 在定义产品图片样式的代码中，语句"box-sizing:border-box;"设置盒子的宽度值和高度值包含元素的内边距和边框，鼠标经过图片时为图片加边框。因为图片总的宽度和高度不变，图片自身的宽度和高度会分别缩小 4 个像素，产生动态效果。

(3) 默认情况下，在 CSS 中设置一个元素的 width 与 height 属性时，属性值只包括这个元素的内容空间，不包括 border 和 padding，盒子的实际宽度和高度会加上它的边框和内边距。当调整一个元素的宽度和高度时，需要时刻注意这个元素的边框和内边距，否则布局设计容易混乱。

8.5 拓 展 知 识

纵向二级菜单设计。

链接和导航拓展知识.docx

拓展知识.mp4

8.6　本章小结

本章首先介绍了如何使用 CSS 设置文字链接样式与图像链接样式，然后讲解了如何使用 CSS 设置纵向导航菜单与横向导航菜单，最后通过使用 CSS 设置链接与导航的方法，制作出常见的 LED 网站产品中心页面。

通过本章的学习，读者应该能够将网页中的链接与菜单以各种形式体现在网页中，可以熟练地使用 CSS 来设置链接与导航菜单。

8.7　练习题

一、选择题(请扫右侧二维码获取)

选择题.docx

二、综合训练题

1. 设计如图 8-16 所示的网页导航菜单，当鼠标悬停时，链接样式如图 8-17 所示，即链接加背景，文本为红色。

图 8-16　练习题 1 效果图 1

图 8-17　练习题 1 效果图 2

2. 综合使用链接和导航菜单技术制作如图 8-18 所示的页面。

图 8-18 练习题 2 效果图

3. 综合使用链接和导航菜单技术制作如图 8-19 所示的页面。

图 8-19 练习题 3 效果图

第 **9** 章

表　单

本章要点

　　表单是 HTML 网页中的重要元素，是网站信息交流和用户互动的平台。表单是网页上允许用户输入信息的区域，也是信息安全的重要关口。用户输入信息后，将信息发送给服务端程序处理，从而实现网上注册、登录和交易等多种功能。本章将对表单控件和属性及其用法进行详解。

学习目标

- 了解表单功能，能够快速创建表单。
- 掌握表单相关元素，能够准确定义不同的表单控件。
- 掌握表单样式的控制方法，能够美化表单界面。
- 培养网络安全意识和信息保密意识。

9.1 认 识 表 单

我们平时上网时经常用到表单,如用户登录和注册。表单是网页上输入信息的区域,用于实现网页和用户的交互和沟通,例如注册页面上的用户名和密码输入、性别的选择、提交和取消按钮等,都是用表单标签和表单元素标签定义的。

9.1.1 表单的构成

表单的构成.mp4

在网页上,一个完整的表单由表单标签(定义表单域)、表单元素(表单控件)和提示信息 3 部分内容构成。如图 9-1 所示是用户登录表单,如图 9-2 所示是表单的构成。

图 9-1 登录表单

图 9-2 表单的构成

表单标签定义的表单域用于容纳所有的表单元素和提示信息。表单标签中可以定义处理表单数据的 url 地址和数据提交到服务器的方法。如果不定义表单域,表单中的数据就无法提交给服务器处理。

表单元素(表单控件)是一组允许用户操作的控件,如单行文本输入框、密码输入框、单选按钮、复选框、提交按钮等。

提示信息用于提示用户信息的填写或进行的操作,是一些说明性的文字。

9.1.2 创建表单

创建表单.mp4

在 HTML 中,form 标签用来定义表单,即创建表单。表单中可以包含多个表单元素,用来实现用户信息的收集和传递。

创建表单的基本语法格式如下。

```
<form name="表单名" action="URL" method="get/post" autocomplete="on/off" >
    各种表单元素控件
</form>
```

属性介绍如下。

- name:指定表单名称。对表单命名之后,就可以用脚本语言(如 JavaScript 或 VBScript)对它进行控制。
- action:指定处理表单信息的服务器端应用程序。
- method:指定表单数据的提交方式,method 的值可以为 get 或 post,默认值是 get。采用 get 方式提交的数据将显示在浏览器的地址栏中,保密性差,且有数据量的限制；而采用 post 方式的数据保密性好，并且无数据量的限制。

● autocomplete：指定表单是否有自动完成功能。取值为 on 时，表单有自动完成功能。取值为 off 时，表单无自动完成功能。

【例 9-1-1】创建登录表单。本例在浏览器中的显示效果如图 9-1 所示，页面文件 9-1-1.html 的关键代码如下。

```html
<head>
    <title>登录表单</title>
</head>
<body>
    <form name="form1" action="" method="post">
        账号: <input type="text" name="userName" value="admin"><br/><br/>
        密码: <input type="password" name="userPwd"><br/><br/>
        <input type="submit" value="提交">    
        <input type="reset" value="重置">
    </form>
</body>
```

9.2 表 单 元 素

表单中通常包含一个或多个表单元素，常见的表单元素有 input、output、select、textarea 和 label 等。

9.2.1 教学案例

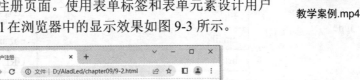

【案例展示】设计用户注册页面。使用表单标签和表单元素设计用户注册页面，本例文件 9-2.html 在浏览器中的显示效果如图 9-3 所示。

教学案例.mp4

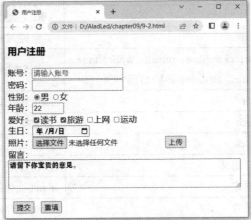

图 9-3 用户注册页面

【知识要点】表单、表单元素、表单元素常用属性的功能。

【学习目标】掌握用表单和表单元素及各种属性设计表单的技术。

9.2.2 input 元素及其属性

input 元素是表单中最常见的元素，用于定义用户的输入项。网页中常见的单行文本框、单选按钮、复选框等都是通过它定义的，input 元素必须嵌套在表单标签中使用。

input 元素及其属性.mp4

input 元素的基本语法格式如下。

```
<input type="输入类型" name="控件名" value="默认值" …>
```

属性介绍如下。

● type：指定 input 元素的输入类型。
● name：该属性的值是相应程序中的变量名。
● value：该属性的值是默认的输入值。

在 HTML5 中，input 标签拥有多种输入类型及相关属性，常用属性如表 9-1 所示。

表 9-1 input 元素的常用属性

属 性	属 性 值	描 述
type	text	单行文本输入框
	password	密码输入框
	radio	单选按钮
	checkbox	复选框
	submit	提交按钮
	reset	重置按钮
	button	普通按钮
	file	文件域
	email	e-mail 地址输入框
	url	URL 地址输入框
	number	数值输入框
	date pickers(date、month、week、time、datetime 和 datetime-local 等)	日期和时间输入框
	color	颜色输入框
	search	搜索框
	hidden	隐藏域
name	用户定义	控件名称
value	用户定义	input 控件的默认值
size	正整数	input 控件的显示宽度
maxlength	正整数	input 控件允许输入的最大字符数
min、max、step	数值	允许输入的最大值、最小值和间隔
autocomplete	on/off	是否自动完成输入
placeholder	字符串	input 控件的输入提示

续表

属　　性	属　性　值	描　　述
required	required	输入框的内容不能为空
pattern	字符串	输入内容的验证正则表达式
checked	checked	默认选中
readonly	readonly	控件内容只读
disabled	disabled	禁用控件
autofocus	autofocus	自动获取焦点
multiple	multiple	允许多选
list	datalist 标签的 id 属性值	指定输入候选值列表

1. input 元素的 type 属性

在 HTML5 中，input 元素拥有多个 type 属性值，用于定义不同的控件类型。

input 元素的

type 属性.mp4

（1）单行文本框。

当 type="text"时，定义单行文本输入框，用来输入简短的信息，如用户名、账号、证件号码等，其语法格式如下。

```
<input type="text" name="文本框名">
```

例如，定义账号文本输入框，代码如下。

```
账号：< input type="text" name="userName" size="20" maxlength="32"
value="admin"/>
```

其中，type="text"表示 input 元素的类型为单行文本框，name="userName"表示文本框的名称为 userName，size="20"表示文本框的宽度为 20 个字符，maxlength="32"表示最多可以输入 32 个字符，value="admin"表示文本框的初始值为 admin，页面的显示效果如图 9-1 所示。

（2）密码输入框。

当 type="password"时，定义密码输入框，用来输入密码，内容将以圆点的形式显示，以保证密码的安全。其语法格式如下。

```
<input type="password" name="密码框名">
```

例如，定义密码框，代码如下。

```
密码：<input type="password" name="userPwd" size="20" maxlength="16" />
```

其中，type="password"表示 input 元素的类型为密码输入框，maxlength="16"表示密码最多可以是 16 个字符，页面的显示效果如图 9-1 所示。

（3）单选按钮。

当 type="radio"时，定义单选按钮，如选择性别、是否操作等，其语法格式如下。

```
<input type="radio" name="单选按钮名" value="提交值" checked="checked">
```

其中，value 属性可设置单选按钮的提交值，checked 属性表示是否为默认选中项，name

属性是单选按钮的名称。同一组单选按钮的名称必须相同，这样才能实现单选效果。

例如，选中"性别"单选按钮的代码如下。

```
性别：<input type="radio" name="sex" value="1" checked="checked">男
<input type="radio" name="sex" value=2">女
```

(4) 复选框。

当 type="checkbox"时，定义复选框。复选框常用于多项选择，如选择兴趣、爱好等，其语法格式如下。

```
<input type="checkbox" name="复选框名" value="提交值" checked="checked">
```

例如，选择"爱好"，其中读书和旅游两个选项默认被选中，代码如下，页面的显示效果如图 9-4 所示。

```
爱好：<input type="checkbox" name="like1" value="1" checked="checked">读书
<input type="checkbox" name="like2" value="2" checked="checked">旅游
<input type="checkbox" name="like3" value="3" >上网
<input type="checkbox" name="like4" value="4" >运动
```

爱好：☑读书 ☑旅游 ☐上网 ☐运动

图 9-4   "爱好"选项

(5) 提交按钮。

当 type="submit"时，定义提交按钮，将填写到文本框中的内容发送到服务器，其语法格式如下。

```
<input type="submit" value="按钮名">
```

(6) 重置按钮。

当 type="reset"时，定义重置按钮，单击重置按钮可取消已输入的所有表单信息，其语法格式如下。

```
<input type="reset" value="按钮名">
```

(7) 普通按钮。

当 type="button"时，定义普通按钮，用于触发单击事件，其语法格式如下。

```
<input type="button" value="按钮名">
```

(8) 文件域。

当 type="file"时，定义文件域，进行文件上传的操作，如上传简历、上传照片和资料信息等，用户上传的文件将被保存在 Web 服务器上。文件域会在页面中创建"浏览"按钮，同时显示选中文件信息的地址文本框，其语法格式如下。

```
<input type="file" name="文件域名">
```

例如，制作上传照片的表单页面，选择文件前的显示效果如图 9-5 所示，选择文件后的显示效果如图 9-6 所示，代码如下。

```
上传照片：<input type="file" name="picture"><input type="button" value="上传">
```

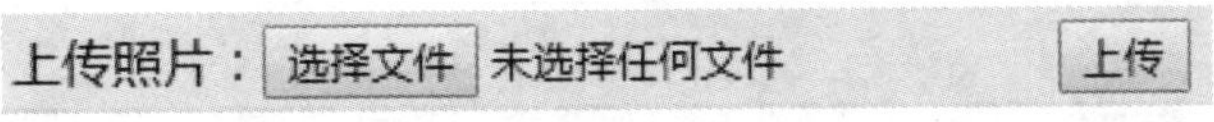

上传照片： 选择文件 未选择任何文件　　　　　上传

图 9-5　选择上传文件前

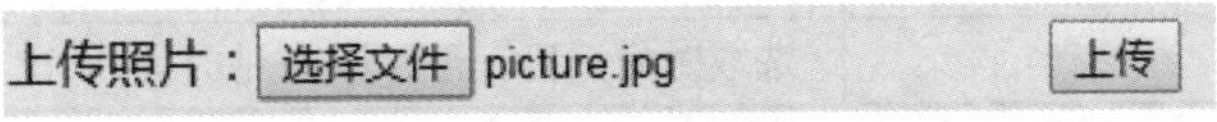

上传照片： 选择文件 picture.jpg　　　　　　上传

图 9-6　选择上传文件后

(9) email 类型。

当 type="email"时，定义用于输入 e-mail 地址的文本输入框。提交表单中的信息时，会验证 email 输入框的内容是否符合 e-mail 电子邮件地址的格式，如果不符合，将提示相应的错误信息，其语法格式如下。

```
<input type="email">
```

(10) url 类型。

当 type="url"时，定义用于输入 URL 地址的文本框。提交表单中的信息时，会验证所输入的内容是不是 URL 地址格式的文本，如果不是，将提示相应的错误信息，其语法格式如下。

```
<input type="url">
```

(11) number 类型。

当 type="number"时，定义用于输入数值的文本框。提交表单中的信息时，会验证所输入的内容是不是数字，如果不是，将提示相应的错误信息。

输入框可以对输入的数字进行限制，规定允许的最大值、最小值、合法的数字间隔和默认值等，其语法格式如下。

```
<input type="number" max="最大数" min="最小数" value="默认值" step="数字间隔">
```

属性介绍如下。

● value：指定输入框的默认值。

● max：指定输入框可以接收的最大输入值。

● min：指定输入框可以接收的最小输入值。

● step：合法的间隔，如果不设置，默认值是 1。

(12) date pickers 类型。

当 type="date"、"month"、"week"、"time"、"datetime"或"datetime-local"时，定义用于日期或时间的输入框。日期和时间类型如表 9-2 所示。

表 9-2　日期和时间类型

日期和时间类型	说　　明
date	选取日、月、年
month	选取月、年
week	选取周、年
time	选取时间(小时和分钟)

日期和时间类型	说　明
datetime	选取时间、日、月、年(UTC 时间)
datetime-local	选取时间、日、月、年(本地时间)

例如，制作生日输入框，输入数据前的显示效果如图 9-7 所示，单击文本框后的显示效果如图 9-8 所示，代码如下。

```
生日: <input type="date" value="2000-01-02"/> <br/>
```

生日： 2000/01/02

图 9-7　日期输入框　　　　　　　　　图 9-8　输入日期

(13) search 类型。

当 type="search"时，定义专门用于输入搜索关键词的文本框，它能自动记录一些搜索过的字符。在用户输入内容后，其右侧会附带一个删除图标，单击这个图标可以快速清除内容，其语法格式如下。

```
<input type="search">
```

(14) color 类型。

当 type="color"时，定义提供设置颜色的文本框，用于实现 RGB 颜色输入。基本形式是#RRGGBB，默认值为#000000。通过 value 属性值，可以更改默认颜色。单击文本框，可以快速打开拾色器面板，其语法格式如下。

```
<input type="color" value="#FFCC33">
```

(15) hidden 类型。

隐藏域的语法格式如下。

```
< input type=" hidden"/>
```

隐藏域不在页面上显示，通常用于后台程序，读者了解即可。

2. input 元素的其他属性

除了 type 属性外，input 元素还有一些其他的属性，具体如表 9-1 所示。下面介绍 input 元素的其他几个常用属性。

input 元素的
其他属性.mp4

(1) autocomplete 属性。

autocomplete 属性用于指定表单是否有自动完成功能。

该属性有两个值。取值为 on 时，表单有自动完成功能，为表单控件输入的内容会记录下来，当再次输入时，会将输入的历史记录显示在一个下拉列表中，以实现自动完成输入功能；当取值 off 时，表单无自动完成功能。

(2) placeholder 属性。

placeholder 属性用于为 input 类型的输入框提供关于输入内容的提示信息。当输入框为空时显示提示信息，而当输入框获得焦点时提示信息会消失。

例如，在账号输入框中显示提示信息，输入内容前的显示效果如图 9-9 所示，当输入框获得焦点时的显示效果如图 9-10 所示，代码如下。

```
账号：<input type="text" name="userName" size="20" placeholder="请输入账号"/>
```

账号：请输入账号　　　　　　　　　　账号：a

图 9-9　placeholder 属性应用 1 　　　　　　图 9-10　placeholder 属性应用 2

(3) required 属性。

required 属性用于规定输入框的内容不能为空，必须填写，否则会给出必填的提示信息，且不允许用户提交表单。

(4) pattern 属性。

pattern 属性用于验证 input 输入框中输入内容的格式是否正确，验证是通过与 pattern 属性的正则表达式相比较实现的。当输入内容的格式与正则表达式定义的格式不一致时，会给出提示信息，且不允许用户提交表单。pattern 属性可用于身份证、电话号码、电子邮箱和网址等的输入格式验证。

例如，输入验证 18 位身份证号的正则表达式，代码如下。

```
身份证号：<input type="text" size="20" pattern="(^\d{18}$)|(^\d{17}(\d|X|x)$)">
```

(5) autofocus 属性。

autofocus 属性用于指定页面加载后是否自动获取焦点，以便输入关键词。

9.2.3　其他表单元素

除了 input 元素外，HTML5 表单元素还包括 textarea、select、datalist、keygen 和 output 等，本节将对其中的几个进行介绍。

其他表单元素.mp4

1. textarea 元素

textarea 元素用于定义高度超过一行的多行文本域。多行文本域主要用于输入用户的意见、评论和一些反馈信息，用户可以在里面书写文字，字数没有限制，其语法格式如下。

```
<textarea name="文本域名" rows="行数" cols="列数">
    初始文本内容
</textarea>
```

其中，rows 用于设置多行文本域的行数，cols 用于设置多行文本域每行中的字符数，两者的取值都是正整数。

例如，定义留言的多行文本域，页面显示效果如图 9-11 所示，代码如下。

```
留言：<br/>
<textarea name="liuyan" rows="3" cols="50">请留下你宝贵的意见。 </textarea>
```

留言：
请留下你宝贵的意见。

图 9-11 多行文本域

2. select 元素

select 元素用于创建单选或多选列表，当提交表单时，浏览器会提交选定的项。网页上经常看到的城市、出生年月等下拉列表框就是用 select 元素定义的。下拉列表框需要使用 select 标签和 option 标签来定义，其语法格式如下。

```
<select name="下拉列表框名" size="行数" multiple="multiple" >
    <option value="提交值 1" selected="selected">显示文本 1</option>
    <option value="提交值 2" >显示文本 2</option>
    …
</select>
```

(1) select 标签用于定义下拉列表，select 标签各个属性的含义如下。

● size：下拉列表框的大小，即显示的高度。

● multiple：当定义 multiple="multiple"时，表示列表是多选列表，即可以选择多项。

(2) option 标签嵌套在<select></select>标签中，用于定义下拉列表中的具体选项。option 标签的各个属性的含义如下。

● selected：用于定义该项的初始状态是默认选中状态。

● value：用于定义当该项被选中并提交时，提交到服务器的值。

【例 9-2-1】创建"证件类型"下拉列表。本例在浏览器中的显示效果如图 9-12 所示，页面文件 9-2-1.html 的关键代码如下。

图 9-12 下拉列表框

```
证件类型：<select name="IDs">
        <option value="1" selected="selected">身份证</option>
        <option value="2">驾驶证</option>
        <option value="3">护照</option>
        <option value="4">军官证</option>
    </select><br/>
```

3. datalist 元素

datalist 是 HTML5 的新标签，用于定义 input 输入框的输入选项列表，能自动匹配表单的可能输入值。input 输入框中的值可以从列表中选择，也可以自行输入，输入选项列表可以使用 datalist 的 option 元素创建。在使用 datalist 时，为 id 属性指定唯一的标识，然后在 input 元素内指定 list 属性的属性值为 datalist 标签中 id 属性的值，绑定 datalist 即可。

【例 9-2-2】创建"常用浏览器"输入框，输入内容可以从列表中选择。本例页面

9-2-2.html 的初始显示效果如图 9-13 所示；输入 c 后，显示出与关键词匹配的选项，效果如图 9-14 所示，关键代码如下。

```
常用浏览器: <input name="MyBrower" list="browers"/>
         <datalist id="browers">
             <option value="Internet Explorer">
             <option value="Firefox">
             <option value="Chrome">
             <option value="Opera">
             <option value="Safari">
         </datalist>
```

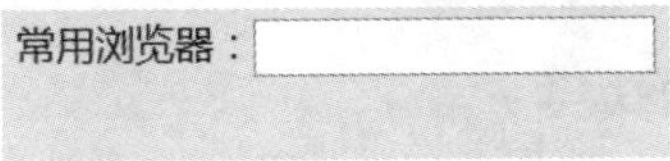

常用浏览器:

图 9-13　页面初始显示效果

常用浏览器: c ▼
Chrome

图 9-14　显示与关键词匹配的选项

9.2.4　案例制作

案例制作.mp4

【案例：用户注册】9.2.html 的页面文档代码如下。

```
<body>
 <form name="form1" action="" method="post">
   <h3>用户注册</h3>
   账号: <input type="text" name="userName" size="20" placeholder="请输入账号"/><br/>
   密码: <input type="password" name="userPwd" size="20"/><br/>
   性别: <input type="radio" name="sex" checked="checked">男
         <input type="radio" name="sex">女<br/>
   年龄: <input type="number" max="60" min="10" value="22"><br/>
   爱好: <input type="checkbox" name="like1" value="1" checked="checked">读书
         <input type="checkbox" name="like2" value="2" checked="checked">旅游
         <input type="checkbox" name="like3" value="3" >上网
         <input type="checkbox" name="like4" value="4" >运动<br/>
   生日: <input type="date" value="2000-01-02"/><br/>
   照片: <input type="file" name="picture"><input type="button" value="上传"><br/>
   留言: <br/>
         <textarea name="liuyan" rows="3" cols="50">请留下你宝贵的意见。
         </textarea>
         <br/><br/>    
         <input value="提交" type="submit"/>  
         <input value="重填" type="reset"/>
   </form>
<body>
```

　　【案例说明】对于包含在表单中的文件域，需要设计上传按钮，把所选择的文件上传到服务器。表单的提交按钮用于将表单中各个控件中的数据和上传文件的信息(文件路径、文件名、类型、大小等)提交到服务器。

9.3　用 CSS 控制表单样式

用 CSS 控制
表单样式.mp4

在设计表单时，为了页面美观，可以用 CSS 样式对表单进行美化。

【例 9-3-1】设计管理员登录页面，用 CSS 进行样式控制。本例文
件 9-3-1.html 的显示效果如图 9-15 所示。

图 9-15　利用 CSS 美化后的管理员登录页面

在 HBuilderX 中制作该页面的过程如下。

(1) 创建项目，将需要的图片文件复制到 img 文件夹中。如果已建项目，则将图片素
材复制到已建项目的 img 文件夹中即可。

(2) 创建网页结构文件。在当前项目中创建一个 HTML5 网页文件，文件名为 9-3-1.html，
代码如下。

```
<head>
  <link href="css/9-3-1.css" rel="stylesheet" type="text/css"/>
</head>
<body>
    <form name="myForm" action="#" method="post">
        <p class="p1"></p>
        <p > <span>账号：</span>
            <input type="text" name="num" class="account" placeholder="admin"/>
        </p>
        <p> <span>密码: </span>
            <input type="password" name="pwd" class="password" >
        </p>
        <p> <input type="button" class="btn" value="登　录"/>
            <input type="button" class="btn" value="注　册"/>
        </p>
    </form>
</body>
```

(3) 创建外部样式文件。在当前项目的 css 文件夹中新建一个 CSS 文件，文件名为
9-3-1.css，用于对登录表单及表单控件进行样式控制。CSS 样式文件的代码如下。

```
body,form,input,p{ padding:0; margin:0; border:0;}    /*重置浏览器的默认样式*/
html,body{
    width: 100%;    height: 100%;
    font-size:14px;    font-family:"宋体";
}
body{  /*为整个页面加背景*/
    background-image:linear-gradient(180deg,#9cf,#FFF);  /*线性渐变背景*/
    }
  /*定义表单的样式，使表单显示为一个矩形框*/
form{
    width:400px;
    height:200px;
    background:#f5f8fd;                          /*为表单添加背景颜色*/
    border-radius:1px;                          /*设置圆角边框 */
    border:1px solid #4faccb;
    box-shadow: 2px 2px 1px #6B5D50;    /*设置边框投影*/
    position: absolute;                  /*定位实现表单水平和垂直都居中显示*/
    top:50%;
    left: 50%;
    margin-top: -100px;
    margin-left: -200px;
    text-align: center;
}
/*将表单中的一行元素作为段落样式进行控制，进行段落样式定义*/
.p1{          /*定义管理员登录表单中的蓝色矩形块*/
  height:40px;
  background: #4FACFB;
  margin:0;
}
p span {  /*文本样式定义*/
  width:44px;
  display:inline-block;
}
  /*对账号和密码文本框设置共同的宽度、高度、边框、内边距*/
.account,.password{
  width:160px;
  height:20px;
  border:1px solid #777;
  padding:2px 2px 2px 20px;
  font-size:13px;
}
/*定义账号文本框的背景和上外边距*/
.account{
  background:url(../img/1.jpg) no-repeat 3px center #FFF;
  margin-top:25px;
}
/*定义账号文本框的背景和上外边距*/
.password{
  background:url(../img/2.jpg) no-repeat 3px center #FFF;
```

```
margin-top:15px;
}
/*定义按钮的样式*/
.btn{
  width:60px;  height:25px;
  font-size:12px;
  border-radius:3px;              /*设置圆角边框*/
  border:1px solid #6b5d50;
  margin:20px 0 0 30px;
  background:#DDD;                 /*设置按钮的背景颜色*/
}
```

(4) 预览网页。浏览效果如图 9-15 所示。

【说明】(1) 本例也可以用表格+CSS 布局设计进行实现。

(2) 为了让 form 垂直居中显示，先用定位设置了"top:50%;"，这样 form 就会下降到 50%的高度，也就是 form 的上边沿正好在它原来的中线上。因为 form 的高度是 200px，这 200 应该上下各占一半，但是因为设置了"top:50%"，所以这 200 全到了下边；通过设置 "margin-top:-100px"实现 form 往上移动 100px，保证上下部分各 100px，实现垂直居中显示。水平居中也用此方法设计实现。

(3) 账号和密码输入框左侧的图片通过设置背景实现。为了显示背景，设置输入框左内边距 20px。

9.4 实 践 训 练

实践训练.mp4

【实训任务】练习创建会员注册页面，用 CSS 控制注册表的样式。本例文件 9-4.html 在 Chrome 浏览器中的显示效果如图 9-16 所示。

图 9-16　会员注册页面

高职高专立体化教材计算机系列

【知识要点】HTML5 表单及其属性、表单元素及其属性、用 CSS 控制表单样式。

【实训目标】掌握创建表单、表单控件及其属性的用法，并且能用 CSS 样式美化表单。

9.4.1　任务分析

1. 页面结构分析

根据页面效果图表单域和经验分析得知，页面的整体内容可以放在一个 div 中，在这个 div 中再放置表单域。上面有标题，下面是排列整齐且有规律的表单控件；表单控件左侧为提示信息，右侧为说明信息。每行为一个段落，由提示信息、input 控件和必填提示的星花符号组成，如图 9-17 所示。

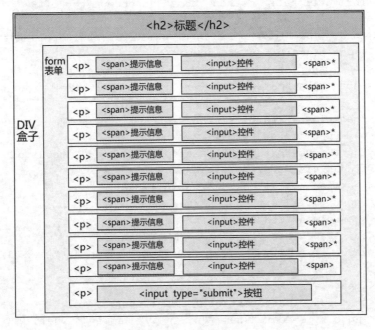

图 9-17　页面结构图

2. CSS 样式分析

(1) 为了美观，对整个页面设置了背景。

(2) 注册页面的布局通过 div 实现，div 中自上而下是标题和 form 表单。

(3) 标题用 h2 实现，对其设置对齐、外边距等属性，控制显示位置。

(4) 表单的每行信息用段落 p 实现，所有行的公共样式通过对 p 标签样式实现。

(5) 左侧提示信息的样式通过 span 样式实现。

(6) 所有 input 样式相同，可以为 input 标签定义样式，如宽度、高度、边距等。

(7) 表单底部的按钮样式用 CSS 进行定义。

9.4.2　任务实现

根据上面的分析，建立网页文件和外部样式文件，完成会员注册页面的设计。

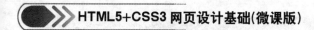

1. 创建页面文件

(1) 启动 HBuilderX，在当前项目中新建一个 HTML5 文档，文件名为 9-4.html。

(2) 在 HBuilderX 中编辑文件，页面文件结构代码如下。

```html
<head>
    <title>会员注册</title>
    <link rel="stylesheet" href="css/9-4.css" />
</head>
  <body>
    <div id="bg">
        <h2 >会  员  注  册</h2>
        <form action="#" method="post" autocomplete="off">
        <p> <span class="text">登录名：</span>
        <input type="text" name="user_name" placeholder="手机号" required/>
         <span class="star">*</span></p>
        <p> <span class="text">密  码：</span>
        <input type="password" name="user_pwd" value="" placeholder="8-16
位" required />
        <span class="star">*</span></p>
        <p> <span class="text">确认密码：</span>
        <input type="password" name="pwd1" value="" required />
        <span class="star">*</span></p>
        <p> <span class="text">真实姓名：</span>
        <input type="text" name="real_name"  required />
        <span class="star">*</span></p>
        <p> <span class="text">真实年龄：</span>
        <input type="number" name="real_age" value="24" min="15" max="120"
required/>
        <span class="star">*</span></p>
        <p> <span class="text">出生日期：</span>
        <input type="date" name="birthday" value="1990-10-01" required/>
        <span class="star">*</span></p>
        <p> <span class="text">电子邮箱：</span>
        <input type="email" name="myemail"  required multiple/>
        <span class="star">*</span></p>
        <p> <span class="text">身份证号：</span>
        <input type="text" name="card" required  placeholder="18位身份证号
" pattern="^\d{8,18}|[0-9x]{8,18}|[0-9X]{8,18}?$"/>
        <span class="star">*</span></p>
        <p> <span class="text">手机号码：</span>
        <input type="text" name="telphone" pattern="^\d{11}$" required/>
        <span class="star">*</span></p>
        <p> <span class="text">个人主页：</span>
        <input type="url" name="myurl" list="urllist" pattern=
"^http://([\w-]+\.)+ [\w-]+(/[\w-./?%&=]*)?$"/>
        <span class="star"> </span> </p>
        <p class="btn"> <input type="submit" value="注        册"/>   </p>
    </form>
```

```
    </div>
</body>
```

以上代码中，对"身份证号"输入文本框定义了"pattern="^\d{8,18}|[0-9x]{8,18}|[0-9X]{8,18}?$""属性，用于对输入的身份证号用正则表达式进行合法性验证。

2. 创建 CSS 样式文件

创建外部样式文件。在当前项目的 css 文件夹中新建一个 CSS 文件，文件名为 9-4.css，样式代码如下。

（1）定义页面的统一样式。

```
*{padding: 0;margin: 0;}
    html,body{        /*重置浏览器的默认样式*/
    font-size:15px;
    font-family:"微软雅黑";
}
body{ background:url(../img/register_bg.jpg); }  /*设置页面背景*/
```

（2）页面整体布局。

整个页面用 div 布局，为了实现表单水平居中显示，对 div 设置"margin: 20px auto;"属性。

```
#bg{
    width:500px; height:auto;
    margin: 20px auto;
     text-align: center;
}
```

（3）标题样式。

设置标题居中显示，为了美观，定义标题的背景颜色，设置下外边距与表单控件保持适当距离。

```
h2{
    line-height: 60px;
    background-color:#9cf;
    text-align:center;
    font-weight: 600;
    margin-bottom: 40px;
    color: #000;
    letter-spacing:2em;        /*定义字符间的空间值2em*/
 }
```

（4）所有行的共同样式。

每行信息为一个段落，包括提示信息和表单控件，行间距离通过设置外边距实现。

```
p{ margin-top:20px; }
```

（5）左侧提示信息样式。

左侧提示信息统一靠右对齐，通过设置显示宽度、转换显示类型为行内元素和设置右侧文本对齐方式来实现。

```
p .text{
    width:80px;
    display:inline-block;        /*将行内元素转换为内联元素*/
    text-align:right;            /*右侧显示*/
    font-weight:700;
}
```

(6) 设置输入框后的星花的样式,设置左外边距,使得星花与输入框保持 15px 距离。

```
p .star{
    color: red;
    margin-left: 15px;
}
```

(7) 表单控件样式。

为了美观,统一定义所有输入框的宽度、高度、边框样式和内边距。

```
p input{
    width:240px;
    height:25px;
    border:1px solid #d4cdba;
    padding:4px;                 /*设置输入框与输入内容之间 2px 距离*/
    font-size:13px;
}
```

(8) 按钮样式。

设置按钮的大小(宽度和高度)、背景颜色、边框样式和位置(通过外边距实现)。

```
.btn input{
    width:360px;
    height:50px;
    border: 1px solid #AAA;
    background:#9cf;             /*按钮背景颜色*/
    margin-top:18px;
    border-radius:3px;           /*设置圆角边框*/
    font-size:20px;
    font-family:"微软雅黑";
    color:#000;                  /*按钮上文本颜色*/
    font-weight: 700;
}
```

3. 浏览网页

在 Chrome 浏览器中浏览网页,效果如图 9-15 所示。

【实训说明】(1) 表单布局也可以用表格+CSS 布局实现。

(2) 对于 type="email"、type="url"和 type="number"等类型的 input 控件,浏览器只能进行简单的检查。为了对输入的内容进行严格检查,最好用 pattern 定义正则表达式验证其合法性,或者用 JavaScript 或 jQuery 编写脚本代码验证其合法性。

9.5 拓 展 知 识

1. 表单 input 元素的其他属性。
2. 登录页面的相应式布局。

表单拓展知识.docx   拓展知识.mp4

9.6 本 章 小 结

本章讲述了网页的表单元素及其属性、表单控件及其属性、用 CSS 样式对表单进行美化等内容。重点讲解了表单控件中的 input 控件及其常用属性 text、password、radio、checkbox、number、date pickers、submit、reset 和 color 等，还介绍了 textarea、select、datalist 等表单元素，并结合实例介绍了使用 CSS 对表单进行布局和样式修饰的方法。

9.7 练 习 题

一、选择题(请扫右侧二维码获取)

二、综合训练题

课后练习题.docx

1. 设计如图 9-18 所示的用户登录页面。

图 9-18　用户登录页面

2. 用表格+CSS 布局实现如图 9-16 所示的页面。

第 **10** 章

CSS3 简单动画

本章要点

  在传统的 Web 设计中，当网页中需要显示动画或特效时，需要使用 JavaScript 脚本或 Flash 来实现。在 CSS3 中，提供了对动画的强大支持，可以实现旋转、缩放、移动和过渡等效果。使用 CSS3 动画代替 JavaScript 动画，可以避免占用 JavaScripe 主线程，提高网页加载速度。本章将对 CSS3 中的过渡、变形和动画进行详解。

学习目标

- 理解过渡属性，能够控制过渡时间、动画快慢等常见过渡效果。
- 掌握 CSS3 中的变形属性，能够实现 2D 转换、3D 转换效果。
- 掌握 CSS3 中的动画技术，能够制作网页中常见的动画效果。
- 培养规范的编码风格和精益求精的程序设计意识。
- 培养网页设计的美学意识和科技发展的创新思想。

10.1　CSS3 过渡

CSS3 过渡是元素从一种样式逐渐改变为另一种样式时的效果,如渐显、渐弱、动画快慢等。CSS3 提供了强大的过渡属性,可以在不使用 Flash 动画或 JavaScript 脚本的情况下,为元素从一种样式转变为另一种样式时添加效果。过渡效果通常在用户将指针移动到元素上时发生,当指定的 CSS 属性改变时,应用过渡效果。CSS3 中的过渡属性如表 10-1 所示。下面将分别对这些过渡属性进行详解。

表 10-1　CSS3 中的过渡属性

属　　性	功　　能
transition-property	指定应用过渡效果的 CSS 属性名称,默认值为 all
transition-duration	定义过渡效果花费的时间,默认值为 0
transition-timing-function	规定过渡效果的速度曲线,默认是 ease
transition-delay	规定过渡效果何时开始,默认是 0
transition	简写属性,用于在一个属性中设置 4 个过渡属性

10.1.1　transition-property 属性

transition-property 属性用于指定应用过渡效果的 CSS 属性名称,默认值为 all。基本语法格式如下。

transition-property
属性.mp4

```
transition-property : none | all | property;
```

属性值介绍如下。
● none:没有属性会获得过渡效果。
● all:所有属性都将获得过渡效果。
● property:定义应用过渡效果的 CSS 属性名称,多个名称之间以逗号分隔。

【例 10-1-1】用 transition-property 属性指定应用过渡效果的 CSS 属性名称。本例在浏览器中所显示效果的初始状态如图 10-1 所示,图片样式为小图、半透明,当鼠标悬停在图片上时,图片变成大图、完全不透明,最终效果如图 10-2 所示。页面文件 10-1-1.html 的关键代码如下。

```
<head>
    <title>transition-property 属性</title>
    <style type="text/css">
        div{
            width:324px;
            height: 250px;
            text-align: center;
            border: 1px solid #333;
        }
    img{
        width:97px;
```

```
        height:75px;
        opacity: 0.6;                        /*透明度0.6*/
        margin-top: 4px;
        }
    img:hover{
        width:314px;
        height:240px;
        opacity:1;
        transition-property:width,height;   /*指定应用过渡效果的CSS属性名称*/
        -webkit-transition-property:width,height;   /*Safari 和 Chrome浏览器
兼容代码*/
        -moz-transition-property:width,height;      /*Firefox浏览器兼容代码*/
        -o-transition-property:width,height;        /*Opera浏览器兼容代码*/
        }
    </style>
</head>
<body>
    <div><img src="img/pic1.jpg"> </div>
</body>
```

图 10-1　页面的初始状态

图 10-2　页面的最终状态

【说明】本例在浏览器中预览时，当鼠标指向图片的瞬间，图片的宽度、高度和透明度都立刻完成了变化，没有出现渐显、渐弱等"过渡"效果。这是因为在设置"过渡"效果时，必须使用 transition-duration 属性来设置过渡时间，否则不会产生过渡效果。

另外，为了解决各类浏览器的兼容性问题，分别添加了-webkit-(Safari 和 Chrome)、-moz-(Firefox)和-o-(Opera)等不同的浏览器前缀兼容代码。

10.1.2　transition-duration 属性

transition-duration 属性用于定义过渡效果花费的时间，默认值为 0，常用单位是秒(s)或毫秒(ms)，基本语法格式如下。

transition-duration
属性.mp4

```
transition-duration : time;
```

【例 10-1-2】在例 10-1-1 的基础上，用 transition-duration 属性指定过渡时间。当鼠标悬停在图 10-1 所示的小图上时，图片样式发生改变，样式改变过渡时间为 2 秒，最终效果如图 10-2 所示。添加的代码如下所示。

```
transition-duration: 2s;              /*定义过渡效果花费的时间*/
-webkit-transition-duration:2s;       /*Safari 和 Chrome 浏览器兼容代码*/
-moz-transition-duration:2s;          /*Firefox 浏览器兼容代码*/
-o-transition-duration:2s;            /*Opera 浏览器兼容代码*/
```

【说明】本例中，在浏览器中预览页面，当鼠标指向图片时，图片样式变化内容有 width、height 和 opacity 3 项，使用 transition-property 属性指定应用过渡效果的属性为 width 和 height 后，只有图片的宽度和高度两个样式应用了过渡效果(样式变化持续了 2 秒)，而透明度不应用过渡效果。当鼠标指向图片的瞬间，透明度就立刻完成了变化。

10.1.3　transition-timing-function 属性

transition-timing-function 属性规定过渡效果的速度曲线，默认值为 ease，基本语法格式如下。

transition-timing-
function.mp4

```
transition-timing-function : linear | ease | ease-in | ease-out | ease-in-out;
```

属性值介绍如下。

● linear：指定以相同速度开始至结束的过渡效果。
● ease：指定以慢速开始，然后加快，最后慢慢结束的过渡效果。
● ease-in：指定以慢速开始，然后逐渐加快(淡入效果)的过渡效果。
● ease-out：指定以慢速结束(淡出效果)的过渡效果。
● ease-in-out：指定以慢速开始至结束的过渡效果。

【例 10-1-3】在例 10-1-2 的基础上，用 transition-timing-function 属性规定过渡效果的速度曲线。添加的代码如下所示。页面浏览效果如图 10-1 和图 10-2 所示。

```
transition-timing-function:ease-out;              /*过渡效果的速度曲线*/
-webkit-transition-timing-function:ease-out;
-moz-transition-timing-function:ease-out;
-o-transition-timing-function:ease-out;
```

【说明】使用 transition-timing-function 属性规定过渡效果以慢速结束，在持续 2 秒的变化过程中，图片的宽度和高度变化以慢速结束。

10.1.4　transition-delay 属性

transition-delay 属性规定过渡效果何时开始，默认值为 0，常用单位是秒(s)或毫秒(ms)。transition-delay 的属性值可以为正整数、负整数和 0。当设置为负数时，过渡动会会从该时间点开始，之前的动作被截断；当设置为正数时，过渡动作会延迟触发。基本语法格式如下。

transiton-delay
属性.mp4

```
transition-delay : time;
```

【例 10-1-4】在例 10-1-3 的基础上，用 transition-delay 属性指定过渡效果从 1 秒后开始。添加的代码如下所示。页面浏览效果如图 10-1 和图 10-2 所示。

```
transition-delay:1s;                /*指定动画延迟 1 秒触发*/
-webkit-transition-delay:1s;        /*Safari 和 Chrome 浏览器兼容代码*/
```

```
-moz-transition-delay:1s;        /*Firefox 浏览器兼容代码*/
-o-transition-delay:1s;          /*Opera 浏览器兼容代码*/
```

【说明】在浏览器中预览页面，当鼠标指针悬停到小图上时，图片透明度立刻变化，等待 1s 后过渡效果出现，样式开始改变，图片的宽度和高度也发生改变，变化过程持续 2 秒，慢速完成。

10.1.5 transition 属性

transition 属性是复合属性，用于在一个属性中设置 transition-property、transition- duration、transition-timing-function 和 transition-delay 4 个过渡属性。基本语法格式如下。

transition 属性.mp4

```
transition:property duration timing-function delay;
```

在使用 transition 属性设置多个过渡效果时，它的各个参数必须按照顺序进行定义，不能颠倒。例 10-1-4 中设置的 4 个过渡属性，可以直接通过如下代码实现。

```
transition: width 2s ease-out 1s,height 2s ease-out 1s;
```

注意：无论是单个属性还是简写属性，使用时都可以实现多个过渡效果。如果使用 transition 简写属性设置多种过渡效果，需要在每个过渡属性集合中指定所有的值，并且使用逗号进行分隔。

10.2 变　形

在 CSS3 之前，如果需要为页面设置变形效果，需要依赖于图片、Flash 或 JavaScript 才能完成。CSS3 出现后，通过 transform 属性即可实现变形效果，如移动、倾斜、缩放及翻转元素，不需加载额外的文件，这极大地提高了网页开发者的工作效率，提高了页面的执行速度。本节将对 CSS3 中的 transform 属性、2D 及 3D 转换进行详解。

10.2.1 教学案例

【案例展示】设计客户案例局部页面，实现当鼠标悬浮于图片上时，文字说明信息从图片上方滑下后覆盖图片，文字半透明，能看到后面的图片。本例文件 10-2.html 在浏览器中的显示效果如图 10-3 和图 10-4 所示。

案例展示.mp4

图 10-3 客户案例局部页面

图 10-4 鼠标悬浮于图片上时的效果

【知识要点】CSS3 中的 transform 属性、2D 及 3D 转换。

【学习目标】掌握 transform 属性、2D 及 3D 转换技术，实现移动、倾斜、缩放及翻转元素等效果。

10.2.2　认识变形

2012 年 9 月，W3C 组织发布了 CSS3 变形工作草案，这个草案包括了 CSS3 2D 变形和 CSS3 3D 变形。

认识变形.mp4

CSS3 变形是一系列效果的集合，如平移、旋转、缩放和倾斜等，这些效果的实现都是以 transform 属性为基础的。CSS3 中的变形允许动态地控制元素，可以在网页中对元素进行移动、缩放、倾斜、旋转，或者结合这些变形(transform)属性产生复杂的动画。通过 CSS3 中的变形操作，可以让元素生成动态的视觉效果，也可以结合过渡和动画属性产生一些新的动画效果。

CSS3 的变形属性可以让元素在一个坐标系统中变形。这个属性包含一系列变形函数，可以进行元素的移动、旋转和缩放等。transform 属性的基本语法如下。

```
transform : none | transform-functions;
```

属性值介绍如下。

- none：表示不进行变形。
- transform-functions：用于设置变形函数，可以是一个或多个变形函数列表。

transform-functions 函数包括 translate()、scale()、rotate()和 skew()等，具体说明如下。

- translate()：移动元素对象，即基于 X 和 Y 坐标重新定位元素。
- scale()：缩放元素对象，可以使任意元素对象的尺寸发生变化，取值包括正数、负数和小数。
- rotate()：旋转元素对象，取值为一个度数值。
- skew()：倾斜元素对象，取值为一个度数值。

transform 属性有一个奇怪的特性，即它们对于周围的元素不会产生影响。例如，如果将一个元素旋转 45°，它实际上重叠在元素的上方、下方或旁边，而不会移动周围的内容。

10.2.3　2D 转换

在 CSS3 中，使用 transform 属性可以实现的变形主要有平移、缩放、倾斜和旋转 4 种。

1. 平移

使用 translate()方法可实现平移效果，使元素从当前位置平移，移动距离根据给定的 left(X 坐标)和 top(Y 坐标)位置参数进行设置。该函数包含两个参数值，分别用于定义 X 轴和 Y 轴坐标，基本语法格式如下。

2D 转换 1-平移.mp4

```
transform : translate(x-value,y-value);
```

参数介绍如下。

- x-value：指元素在水平方向上移动的距离。
- y-value：指元素在垂直方向上移动的距离。

如果省略第二个参数，则取默认值 0。当值为负值时，表示反方向移动元素。

【例 10-2-1】用 translate()方法实现元素移动。如图 10-5 所示，当鼠标指向金鱼图片时，金鱼图片向右平移 180px，向下平移 30px，效果如图 10-6 所示。

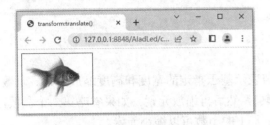

图 10-5　元素移动前的效果

图 10-6　元素移动后的效果

页面文件 10-2-1.html 的关键代码如下。

```html
<head>
  <title>transform:translate()</title>
  <style type="text/css">
    div{
        width:150px;
        height:105px;
        border: 1px solid #333;
        }
    img{
        width:120px;
        height:85px;
        margin: 5px;
        }
    img:hover{
        transform:translate(180px,30px);          /*平移,向右180px,向下30px*/
        -webkit-transform:translate(180px,30px);  /*Safari and Chrome 浏
览器兼容代码*/
        -moz-transform:translate(180px,30px);     /*Firefox 浏览器兼容代码*/
        -o-transform:translate(180px,30px);       /*Opera 浏览器兼容代码*/
        transition-duration: 3s;                  /*过渡效果持续 3 秒*/
        -webkit-transition-duration: 3s;
        -moz-transition-duration: 3s;
        -o-transition-duration: 3s;
        }
  </style>
</head>
<body>
    <div><img src="img/pic2.jpg"> </div>
</body>
```

在使用 translate()方法移动元素时，基点默认为元素的中心点，然后根据指定的 X 坐标和 Y 坐标进行平移。

2. 缩放

scale()方法用于缩放元素大小，包含两个参数值，分别用来定义宽

2D 转换 2-缩放.mp4

度和高度的缩放比例。元素尺寸的增加或减少,由定义的宽度(X 轴)和高度(Y 轴)参数控制,基本语法格式如下。

```
transform: scale(x-axis,y-axis);
```

参数介绍如下。

- x-axis:元素沿 X 轴方向上的缩放比例。
- y-axis:元素沿 Y 轴方向上的缩放比例。

参数值可以是正数、负数和小数。正数值表示基于指定的宽度和高度缩放元素。负数值不会缩小元素,而是反转元素(如文字被反转),然后再缩放元素。如果省略第二个参数,则第二个参数等于第一个参数。另外,使用小于 1 的小数可以缩小元素。

【例 10-2-2】修改例 10-2-1 的代码,用 scale()方法实现元素的缩放。当鼠标指向图 10-5 中的金鱼图片时,金鱼图片向右平移,同时沿 X 轴放大 1.5 倍,效果如图 10-7 所示。修改的代码如下所示。

```
img:hover{
    transform:translate(180px,30px) scale(1.5,1);  /*元素平移并沿 X 轴放大 1.5 倍*/
    -webkit-transform:translate(180px,30px) scale(1.5,1);  /*Safari 和 Chrome
浏览器兼容代码*/
    -moz-transform:translate(180px,30px) scale(1.5,1);  /*Firefox 浏览器兼容代码*/
    -o-transform:translate(180px,30px) scale(1.5,1); /*Opera 浏览器兼容代码*/
    transition-duration:3s;                          /*过渡效果持续 3 秒*/
    -webkit-transition-duration:3s;
    -moz-transition-duration:3s;
    -o-transition-duration:3s;
}
```

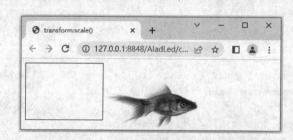

图 10-7　使用 scale()方法实现元素缩放

【说明】当鼠标指向金鱼图片时,金鱼图片向右平移 180px,向下平移 30px,同时水平方向放大 1.5 倍,垂直方向不变,过渡时间为 3 秒。

如果一个元素需要设置多种变形效果,可以使用空格将多个变形属性值隔开。

3. 倾斜

skew()方法用于元素的倾斜显示,也就是将一个对象围绕着 X 轴和 Y 轴按照一定的角度倾斜。该方法包含两个参数,分别用来定义 X 轴和 Y 轴坐标的倾斜角度,基本语法格式如下。

2D 转换 3-倾斜.mp4

```
transform: skew(x-angle,y-angle);
```

参数介绍如下。

- x-angle：相对于 X 轴进行倾斜的角度值，单位为 deg。
- y-angle：相对于 Y 轴进行倾斜的角度值，单位为 deg。

【说明】如果省略第二个参数，则取默认值 0。

【例 10-2-3】用 skew()方法实现元素的倾斜显示。当鼠标指向导航链接时，超链接<a>出现倾斜效果。本例中，当鼠标指向"客户案例"时，页面的显示效果如图 10-8 所示，关键代码如下。

```html
<head>
    <title>transform:skew()</title>
    <style>
      a{
        display: inline-block;
        width:100px; height: 35px;
        line-height:35px;
        text-align: center;
        background-color:#BFF;
        text-decoration: none;
        margin: 0 2px;
        color:#000;
        }
      a:hover{
        transform:skew(-25deg);              /*相对于垂直方向顺时针转 25°*/
        -webkit-transform:skew(-25deg);      /*Safari 和 Chrome 浏览器兼容代码*/
        -moz-transform:skew(-25deg);         /*Firefox 浏览器兼容代码*/
        -o-transform:skew(-25deg);           /*Opera 浏览器兼容代码*/
        }
    </style>
</head>
<body>
  <nav>
    <a href="#">网站首页</a>
    <a href="#">产品展示</a>
    <a href="#">客户案例</a>
    <a href="#">关于我们</a>
    <a href="#">联系方式</a>
  </nav>
</body>
```

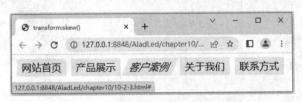

图 10-8   使用 skew()方法实现元素倾斜

【说明】CSS3 的斜切坐标系和数学中的坐标系完全不一样，CSS3 中水平是 Y 轴，垂

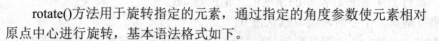
直是 X 轴，发生倾斜时沿 Y 轴顺时针旋转为正，沿 X 轴逆时针旋转为正。

4. 旋转

rotate()方法用于旋转指定的元素，通过指定的角度参数使元素相对
原点中心进行旋转，基本语法格式如下。

2D 转换 4-旋转.mp4

```
transform: rotate(angle);
```

参数介绍如下。

angle 表示要旋转的角度值。如果角度为正数值，则顺时针旋转；否则，逆时针旋转。

【例10-2-4】用 rotate()方法实现元素旋转。当鼠标指向图10-9中的风车时，风车旋转
180°并放大两倍，过渡时间为3秒，最终效果如图10-10所示，代码如下。

```
<head>
<title>transform:rotate()</title>
<style>
    div{ width:350px; height:350px; border:1px solid #888888; }
    img{ width:150px; height:150px; margin:100px; }
    img:hover{
     transform: rotate(180deg) scale(2,2);         /*顺时针旋转 180°，放大两倍*/
     -webkit-transform:rotate(180deg) scale(2,2);  /*Safari 和 Chrome 浏览器
兼容代码*/
     -moz-transform:rotate(180deg) scale(2,2);     /*Firefox 浏览器兼容代码*/
     -o-transform:rotate(180deg) scale(2,2);       /*Opera 浏览器兼容代码*/
     transition-duration:3s;                       /*过渡效果持续 3 秒*/
     -webkit-transition-duration:3s;
     -moz-transition-duration:3s;
     -o-transition-duration:3s;
    }
  </style>
</head>
<body>
  <div>
    <img src="img/fengche.png">
  </div>
</body>
```

图 10-9　使用 rotate()方法实现风车旋转前

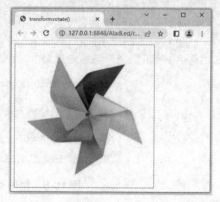
图 10-10　使用 rotate()方法实现风车旋转后

5. 更改变换的中心点

transform-origin 属性用来设置元素运动的基点(参照点)，也就是元素围绕着哪个点变形或旋转，默认基点是元素的中心点。

2D 转换 5-更改变换
的中心点.mp4

在不使用 transform-origin 改变元素基点位置的情况下，进行的 translate、scale、skew 和 rotate 等操作都是以元素自己的中心位置进行变化的。如果需要在不同的位置对元素进行这些操作，即可使用 transform-origin 来改变元素的基点位置，使元素基点不再位于中心位置，基本语法格式如下。

```
transform-origin: x-axis y-axis z-axis;
```

属性值介绍如下。

- x-axis：定义视图被置于 X 轴的何处。取值为 left、center、right、length 和%等，默认值为 50%。
- y-axis：定义视图被置于 Y 轴的何处。取值为 top、center、bottom、length 和%等，默认值为 50%。
- z-axis：定义视图被置于 Z 轴的何处。取值为 length，默认值为 0。

注意:

该属性只有在设置了 transform 属性时起作用，2D 转换元素可以改变元素的 X 轴和 Y 轴。3D 转换元素还可以更改元素的 Z 轴。

【例 10-2-5】修改例 10-2-4，实现用 transform-origin()方法改变元素的基点位置。当鼠标指向图 10-11 中的风车时，风车旋转 180°并缩小到原来的 0.3 倍，基点位置改变到右下角，过渡时间为 3 秒，最终效果如图 10-12 所示。修改例 10-2-4 中的样式代码，如下所示。

```
<style>
  div{ width:300px; height:300px; border:1px solid #888888; }
  img{
        width:280px;        height:280px;
        margin: 10px;
        transform-origin:right bottom;        /*改变元素基点位置到右下角 */
        -webkit-transform-origin:right bottom;
        -moz-transform-origin:right bottom;
        -o-transform-origin:right bottom;
  }
  img:hover{
    transform: rotate(180deg) scale(0.3,0.3);    /*顺时针旋转180°,缩小0.3倍*/
    -webkit-transform:rotate(180deg) scale(0.3,0.3);    /*Safari 和 Chrome
浏览器兼容代码*/
    -moz-transform:rotate(180deg) scale(0.3,0.3);    /*Firefox浏览器兼容代码*/
    -o-transform:rotate(180deg) scale(0.3,0.3);    /*Opera浏览器兼容代码*/
    transition-duration:3s;    /*过渡效果持续 3 秒*/
    -webkit-transition-duration:3s;
    -moz-transition-duration:3s;
    -o-transition-duration:3s;
  }
</style>
```

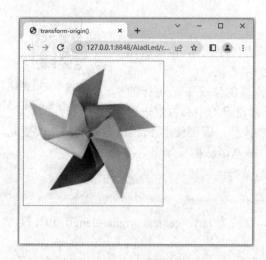

图 10-11　元素基点变换前　　　　　　　图 10-12　元素基点变换后

【说明】(1) 元素原来的基点默认是自己的中心位置。

(2) transform-origin 属性放在 img 的样式表中，用于改变 img 元素的基点位置。

10.2.4　3D 转换

在 3D 转换中可以让元素在三维空间内变形，下面将针对 CSS3 中的 rotateX()和 rotateY()方法进行具体讲解。

1. rotateX()方法

rotateX()方法用于指定元素围绕 X 轴旋转，基本语法格式如下。

```
transform: rotateX(a);
```

3D 转换 1-rotateX().mp4

参数介绍如下。

a 用于定义旋转的角度值，单位为 deg。值可以是正数，也可以是负数。如果值为正，元素将围绕 X 轴顺时针旋转；反之，元素将围绕 X 轴逆时针旋转。

【例 10-2-6】用 rotateX()方法实现元素绕 X 轴旋转。当鼠标指向图 10-13 中的图片时，图片绕自己的 X 轴旋转 70°，过渡时间为两秒，最终效果如图 10-14 所示。页面文件 10-2-6.html 的关键代码如下。

```
<head>
   <title>transform:rotateX()</title>
   <style>
     div{ width:404px;  height: 330px;  border: 1px solid #333333;  }
     img{  width:324px;  height: 250px;  margin:40px;  }
     img:hover{
     -webkit-transform:rotateX(70deg);        /*绕X轴旋转-70°*/
     transition:all 2s ease 0s;               /*指定过渡属性*/
     }
   </style>
</head>
```

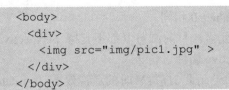

```
<body>
  <div>
    <img src="img/pic1.jpg" >
  </div>
</body>
```

图 10-13　图片绕 X 轴旋转前

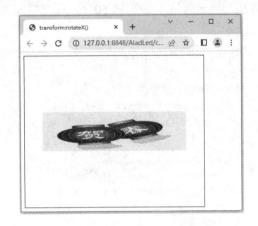

图 10-14　图片绕 X 轴旋转后

2. rotateY()方法

rotateY()方法指定元素围绕 Y 轴旋转，基本语法格式如下。

3D 转换 2-rotateY().mp4

```
transform: rotateY(a);
```

参数介绍如下。

a 与 rotateX(a)中的 a 含义相同，用于定义旋转的角度。如果值为正，元素围绕 Y 轴顺时针旋转；反之，元素围绕 Y 轴逆时针旋转。

【例 10-2-7】修改例 10-2-6，用 rotateY()方法实现元素绕 Y 轴旋转。当鼠标指向图 10-13 中的图片时，图片绕自己的 Y 轴旋转 50°，过渡时间为两秒，最终效果如图 10-15 所示。修改代码如下所示。

```
img:hover{
   -webkit-transform:rotateY(50deg);
   transition:all 2s ease 0s;
}
```

3. perspective 属性

perspective 属性定义 3D 元素与镜头(即 z=0 平面)之间的距离，以像素计。该属性使具有三维位置变换的元素产生透视效果。当为元素定义 perspective 属性时，其子元素会获得透视效果，但元素本身没有，其语法格式如下。

3D 转换 3-perspective
属性.mp4

```
perspective:number | none;
```

属性值介绍如下。

● number：子元素与镜头之间的距离，单位是像素。

- none：没有透视效果，默认值，与 number=0 相同。

【说明】perspective 属性只影响 3D 转换元素。目前浏览器都不支持 perspective 属性，Chrome 和 Safari 支持替代的-webkit-perspective 属性。

【例 10-2-8】修改例 10-2-7，设置 div 盒子的子元素 3D 旋转时的透视效果，用 rotateY() 方法实现元素绕 Y 轴旋转 50°，过渡时间为两秒，最终效果如图 10-16 所示。修改代码如下所示。

```
div{
  width:404px;
  height: 330px;
  border:1px solid #333333;
  -webkit-perspective:500px;        /* Safari 和 Chrome 浏览器兼容代码，透视效果*/
  }
```

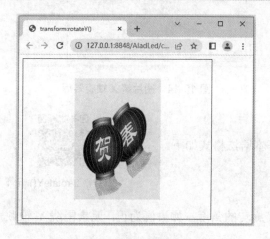

图 10-15　图片绕 Y 轴旋转后　　　　　图 10-16　图片绕 Y 轴旋转的透视图

【说明】对于 perspective 属性，可以简单地理解为视距，用来设置镜头和元素之间的距离。属性值越小，镜头与元素距离越近，视觉效果越明显；反之，值越大，镜头与元素之间的距离越大，视觉效果就不明显。

4. perspective-origin 属性

perspective-origin 属性定义 3D 元素基于的 X 轴和 Y 轴，用来改变 3D 元素的底部位置。

3D 转换 4-perspective-origin 属性.mp4

其语法格式如下。

```
perspective-origin: x-axis y-axis;
```

属性值介绍如下。

- x-axis：定义视图在 X 轴上的位置。取值为 left、center、right、length、%，默认值为 50%。
- y-axis：定义视图在 Y 轴上的位置。取值为 top、center、bottom、length、%，默认值为 50%。

【说明】使用 perspective-origin 属性定义的是元素的子元素的透视图，而不是元素本身。

目前浏览器都不支持 perspective-origin 属性。Chrome 和 Safari 支持替代的 -webkit-perspecitve-origin 属性。

【例 10-2-9】修改例 10-2-8，改变 3D 元素的底部位置为 left，用 rotateY()方法实现元素绕 X 轴旋转 50°，过渡时间为两秒，最终效果如图 10-17 所示。修改代码如下所示。

```
div{
  width:404px;
  height: 330px;
  border:1px solid #333333;
  -webkit-perspective:500;          /* Safari 和 Chrome 浏览器兼容代码，透视效果*/
  -webkit-perspective-origin:left;          /*改变 3D 元素的底部位置为 left*/
  }
```

图 10-17　底部位置为 left 时图片绕 Y 轴旋转的透视图

5. backface-visibility 属性

backface-visibility 属性定义当元素不面向屏幕时是否可见，其语法格式如下。

3D 转换 5-backface-visibility 属性.mp4

```
backface-visibility: visible | hidden;
```

属性值介绍如下。

● visible：背面是可见的，默认值。
● hidden：背面是不可见的。

【例 10-2-10】设计实现翻转扑克的效果，当鼠标指向扑克时出现翻转，效果如图 10-18 和图 10-19 所示，关键代码如下。

```
<head>
<title>3D 旋转变形</title>
<style type="text/css">
.pk{
    width:202px;
    height: 272px;
    border:1px solid #000;
    position:relative;
```

```
                    -webkit-perspective:300px;              /*定义 3D 元素距视图的距离*/
    }
    .pk img{                                                /*通过定位实现两张扑克图片重叠*/
        position:absolute;
        top: 20px;
        left: 20px;
        -webkit-backface-visibility:hidden;                 /*定义元素在不面对屏幕时不可见*/
        transition:all 1s ease 0s;                          /*定义过渡效果*/
    }
    .pk img.pk1{                                            /*初始样式,图片 pk1 反转,背面不可见*/
        -webkit-transform:rotateY(-180deg);                 /*围绕 Y 轴旋转-180° */
    }
                                                            /*鼠标经过扑克所在的行盒子时,翻转180度*/
    .pk:hover img.pk1{                                      /*图片 pk1 翻转 180 度,正面可见*/
        -webkit-transform:rotateY(0deg);
    }
    .pk:hover img.pk2{                                      /*图片 pk2 翻转 180 度,背面不可见*/
        -webkit-transform:rotateY(180deg);
    }
</style>
</head>
<body>
  <div class="pk">
    <img class="pk1" src="img/puke1.jpg"/>
    <img class="pk2" src="img/puke2.jpg"/>
  </div>
</body>
```

本例中，在页面上显示两张扑克的图片，通过定位实现两张扑克图片重叠，并设置图片不面向屏幕时不可见。初始状态下，图片 pk1 反转(围绕 Y 轴旋转-180°)不可见，图片 pk2 显示。当鼠标指向扑克时，两张图片同时翻转 180°，图片 pk1 显示，图片 pk2 背面不可见。当鼠标离开扑克时，两张图片同时翻转-180°，恢复初始状态。

图 10-18　翻转扑克前

图 10-19　翻转扑克后

10.2.5　案例实现

在 HBuilderX 中创建一个 HTML5 文档，文件名为 10-2.html，代码如下。

案例实现.mp4

```
<head>
  <title>客户案例</title>
  <style>
    .imgbox{                    /*客户案例的盒子样式*/
      width:325px;
      height:200px;
      position:relative;
      overflow:hidden;
    }
    .imgbox img{                /*客户案例的图片样式*/
      width:325px;
      height:200px;
    }
    .imgbox hgroup{        /*客户案例的盒子中,标题组的样式,标题组定位在盒子上方*/
      padding-top:20px;
      text-align:center;
      position:absolute;
      left:0;
      top:-220px;
      width:325px;
      height:200px;
      background:rgba(0,0,0,0.3);         /*透明度 0.3 的黑色背景*/
      transition:all 0.5s ease-in 0s;      /*过渡效果*/
    }
    h3{                               /*h3 标题的样式*/
      font-size:16px;
      color: #FFF;                       /*文字颜色为白色*/
      font-weight:500;                    /*文字粗细为 500*/
      margin-top:15px;
    }
    .imgbox:hover  hgroup{     /*鼠标指向 imgbox 盒子时,标题组重新定位,实现下滑效果*/
      position:absolute;
      left:0;
      top:0;
    }
  </style>
</head>
<body>
  <div class="imgbox">
    <img src="img/led_jgd9.jpg" />
    <hgroup>
      <h3>日照水运基地</h3>
            <h3>日照奥林匹克水上公园</h3>
            <h3>日照水上运动中心优美环境</h3>
    </hgroup>
  </div>
</body>
```

运行该文件，在 Chrome 浏览器中的显示效果如图 10-3 和图 10-4 所示。

初始状态下，标题组文本块定位在 div 盒子上方，鼠标经过盒子时，标题组重新定位实现下滑效果，鼠标离开盒子时，标题组返回原来的位置，实现上滑效果。

10.3 动 画 设 计

CSS3 除了支持渐变、过渡和转换特效外，还可以实现强大的动画效果。在 CSS3 中，使用 animation 属性可以定义复杂的动画。本节将对动画中的@keyframes 规则及 animation 相关属性进行详解。

10.3.1 @keyframes 规则

@keyframes
规则.mp4

在 CSS3 中，@keyframes 定义关键帧，关键帧表示动画过程中的状态。在@keyframes 中规定某套 CSS 样式，从一套 CSS 样式逐渐变化为另一套 CSS 样式的过程，就实现了动画效果。@keyframes 规则的语法格式如下。

```
@keyframes animationname{
    keyframes-selector{css-styles;}
}
```

参数介绍如下。

- animationname：动画的名称，将作为引用时的唯一标识，不能为空。
- keyframes-selector：关键帧选择器，规定当前关键帧要应用到整个动画过程中的时间点，取值为百分比(百分比是指动画完成一遍的时间长度的百分比)、from 或 to。其中，from 和 0%效果相同，是动画的开始时间；to 和 100%效果相同，是动画的结束时间。
- css-styles：当前关键帧的 CSS 样式，定义执行到当前关键帧时对应的动画状态，由 CSS 样式属性定义，多个属性之间用分号分隔，不能为空。

【说明】@keyframes 规则是 CSS3 中新增的规则，目前主流浏览器都支持该规则，但不兼容 IE 9 以及更早版本的浏览器。其他浏览器低版本，加浏览器对应的前缀，如 Firefox 支持替代的@-moz-keyframes 规则。Opera 支持替代的@-o-keyframes 规则。Safari 和 Chrome 支持替代的@-webkit-keyframes 规则。

例如，创建名为 fontstyle 的动画，该动画在开始时的状态为文本大小 14px、红色，在动画的 30%处变为文本大小 20px、绿色，然后动画效果持续到 70%处，动画结束时的状态为文本大小 14px、蓝色，代码如下。

```
@keyframes "fontstyle"
{
    from {font-size:14px;color:red;}    /*动画开始时的状态，文本大小为14px，红色*/
    30%, 70%{ font-size:20px;color:green;}  /*动画的中间状态，文本大小为20px，绿色*/
    to { font-size:14px;color:blue;}    /*动画结束时的状态，文本大小为14px，蓝色*/
}
```

注意：
必须定义 0%和 100%选择器。

10.3.2　animation 属性

animation 属性是简写属性，用于设置下面的 6 个动画属性。

animation 属性 1.mp4

1. animation-name 属性

该属性定义动画的名称，为@keyframes 规则规定的名称，语法格式如下。

```
animation-name: keyframename | none
```

属性值介绍如下。

keyframename用于定义为元素应用的动画的名称，必须与@keyframes配合使用，因为动画名称由@keyframes定义。none则表示不应用任何动画，通常用于覆盖或取消动画。

2. animation-duration 属性

该属性规定完成动画所花费的时间，以秒或毫秒计，其语法格式如下。

```
animation-duration: time
```

属性值介绍如下。

time 是以秒(s)或毫秒(ms)为单位的时间，默认值为 0，表示没有任何动画效果。当值为负数时，则被视为 0。

动画中必须有 animation-duration 属性，否则时长为 0，不会播放动画。

3. animation-timing-function 属性

该属性规定动画的速度曲线，定义使用哪种方式来执行动画效果，其语法格式如下。

```
animation-timing-function: value
```

属性值介绍如下。

value 取值为 linear、ease-in、ease-out、ease-in-out、cubic-bezier(n,n,n,n)等常用属性值，默认属性值为 ease，适用于所有的块级元素和行级元素。

4. animation-delay 属性

该属性定义执行动画效果之前延迟的时间，即规定动画什么时候开始，其语法格式如下。

```
animation-delay: time
```

属性值介绍如下。

time 是以秒(s)或毫秒(ms)为单位的时间，默认值为 0。

5. animation-iteration-count 属性

该属性定义播放动画的次数，其语法格式如下。

```
animation-iteration-count: infinite | number
```

属性值介绍如下。

属性值为 infinite 时，指定动画循环播放；属性值为 number 时，定义播放动画的次数，初始值为 1。

6. animation-direction 属性

该属性定义动画播放的方向,即动画播放完成后是否逆向交替循环,其语法格式如下。

```
animation-direction:normal | alternate
```

属性值介绍如下。

默认值 normal 表示动画每次都会正常显示。属性值是 alternate 时,动画会在奇数次(1、3、5 等)正常播放,而在偶数次(2、4、6 等)逆向播放。

7. animation 属性

animation 属性是简写属性,用于在一个属性中设置 animation-name、animation-duration、animation-timing-function、animation-delay、animation-iteration-count 和 animation-direction 这 6 个动画属性,基本语法格式如下。

animation 属性 2-
例 10-3-1 设计动画.mp4

```
animation: animation-name animation-duration animation-timing-function
animation-delay animation-iteration-count animation-direction
```

在上述语法中,使用 animation 属性时必须指定 animation-name 和 animation-duration 属性,否则持续时间为 0,永远不会播放动画。

【例10-3-1】设计动画,动画过程为:射灯图片旋转、缩小、透明度变小,动画所花费的时间为5秒,匀速执行,逆向交替循环播放。初始效果和结束效果如图10-20所示,中间状态效果如图10-21所示,页面文件10-3-1.html 的关键代码如下。

```
<head>
 <title>HTML5 动画</title>
 <style>
  div{
      width:300px;
      height: 300px;
      border: 1px solid #333333;
      font-size: 40px;
      text-align: center;
      line-height: 300px;
      position: relative;
      z-index:10;          /*堆叠顺序*/
      background-color:#Eff;
      padding: 30px;
  }
  img{
      width: 300px;
      height: 300px;
      position: absolute;
      top:25px;
      left:25px;
      z-index: 100;
      animation-name:sdmove;               /*定义动画名称*/
      animation-duration:5s;               /*定义动画时间*/
```

```
          animation-timing-function:linear;          /*过渡效果*/
          animation-iteration-count:infinite;         /*动画无限循环*/
          animation-direction:alternate;              /*动画逆向交替循环播放*/
          /*Safari 和 Chrome 浏览器兼容代码*/
          -webkit-animation-name:sdmove;
          -webkit-animation-duration:5s;
          -webkit-animation-timing-function:linear;
          -webkit-animation-iteration-count:infinite;
          -webkit-animation-direction:alternate;

      }
    @keyframes sdmove{
      from{transform: scale(1,1) rotate(0deg);opacity:1;}
      5%{transform: scale(1,1) rotate(0deg);opacity:1;}
      50%{transform: scale(0.3,0.3) rotate(180deg);opacity:0.4;}
      95%{transform: scale(1,1) rotate(360deg);opacity:1;}
      to{transform: scale(1,1) rotate(360deg);opacity:1;}
    }
    @-webkit-keyframes sdmove{
      from{transform: scale(1,1) rotate(0deg);opacity:1;}
      5%{transform: scale(1,1) rotate(0deg);opacity:1;}
      50%{transform: scale(0.3,0.3) rotate(180deg);opacity:0.4;}
      95%{transform: scale(1,1) rotate(360deg);opacity:1;}
      to{transform: scale(1,1) rotate(360deg);opacity:1;}
    }
  </style>
</head>
<body>
  <div>
    LED 射灯
    <img src="img/led_sd0.png">
  </div>
</body>
```

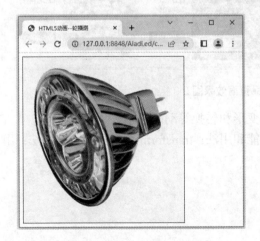

图 10-20　动画的起始和结束状态

图 10-21　动画的中间状态

【说明】(1) z-index 属性设置元素的堆叠顺序，拥有更高堆叠顺序的元素总是会处于堆叠顺序较低的元素的前面。

(2) 为了使图片的初始状态和结束状态稳定，动画的起始帧和 5%帧相同，结束帧和 95%帧相同。

(3) 动画处于中间状态时，图片透明度降为 0.4，逐渐看到下面的文字。

使用 animation 属性可以将例 10-3-1 中 img 样式内的关于定义动画的语句合并简写，合并后的代码如下。

```
animation:sdmove 5s linear infinite alternate;
-webkit-animation:sdmove 5s linear infinite alternate;
```

10.4 实 践 训 练

【实训任务】创建热销产品局部页面，当鼠标指向图片时，图片 1 翻转隐藏，图片 2 翻转显示，鼠标离开时恢复初始状态。在浏览器中的显示效果如图 10-22 和图 10-23 所示。

实践训练.mp4

图 10-22　热销产品页面效果图 1

图 10-23　热销产品页面效果图 2

【知识要点】transition、transform、CSS3 变形和转换等动画技术。

【实训目标】掌握 transition 过渡属性的功能和用法；transform 变换函数及其用法；用 CSS3 变形和转换技术实现动画。

10.4.1　任务分析

1. 页面结构分析

页面用 DIV+CSS 进行布局，图片和文本用无序列表设计实现，列表的奇数项显示图片，偶数项显示文本。鼠标经过图片时可以实现图片反转效果。单击"详细信息"按钮，用超链接实现。

页面布局结构如图 10-24 所示。

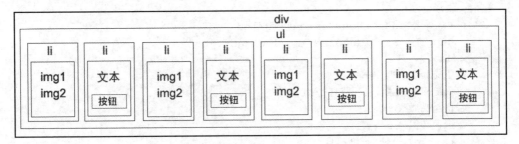

图 10-24　热销产品页面布局结构图

2. CSS 样式分析

(1) "热销产品"页面是首页上的局部页面，网页宽度为 1100px，div 作为页面布局中独立的部分，宽度是 1100px。

(2) 序号为奇数的列表项内容是两张定位相同的图片，鼠标进入和离开列表项时图片反转，注意图片的反转方向，并且需要设置图片背面不可见。

初始状态下图片 1 不翻转，正面可见；图片 2 翻转-180°，背面不可见。当鼠标进入列表项 li 时，图片 1 翻转 180°，背面不可见；图片 2 翻转 0°，正面可见。鼠标离开时，图片恢复初始状态。

为了实现图片翻转的立体效果，需要对 li 定义 perspective 属性，实现透视效果。

(3) 通过 CSS 样式将超链接的样式设计成按钮样式。

10.4.2　任务实现

1. 创建页面文件

(1) 启动 HBuilderX，将需要的图片资料复制到当前项目的 img 文件夹中。

(2) 在当前项目中新建一个 HTML5 文档，文件名为 10-4.html。页面结构代码如下。

```html
<html>
  <head>
    <title>热销产品</title>
    <link href="css/10-4.css" type="text/css" rel="stylesheet">
  </head>
  <body>
    <div id="hotproduct">
    <ul>
     <li>
      <img class="zheng" src="img/led_sd1.jpg">
      <img class="fan"src="img/led_sd2.jpg">
     </li>
     <li class="evenlist">
      <strong>LED 射灯</strong>
```

```
            专业技术<br/>
            高效耐用<br/>
            <a href="#">详细信息</a>
        </li>
        <li>
            <img class="zheng" src="img/led_jgd7.jpg">
            <img class="fan"src="img/led_jgd6.jpg">
        </li>
        <li class="evenlist">
            <strong>LED 景观路灯</strong>
            优越品质<br/>
            绿色环保<br/>
            <a href="#">详细信息</a>
        </li>
        <li>
            <img class="zheng" src="img/led_ngd1.jpg">
            <img class="fan"src="img/led_ngd2.jpg">
        </li>
        <li class="evenlist">
            <strong>LED 霓虹灯</strong>
            领先科技<br/>
            节能高效<br/>
            <a href="#">详细信息</a>
        </li>
        <li>
            <img class="zheng" src="img/led_wld1.jpg">
            <img class="fan"src="img/led_wld2.jpg">
        </li>
        <li class="lastlist">
            <strong>LED 瓦楞灯</strong>
            优越品质<br/>
            优质体验<br/>
            <a href="#">详细信息</a>
        </li>
    </ul>
  </div>
  </body>
</html>
```

2. 创建 CSS 样式文件

创建外部样式文件,在当前项目的 css 文件夹中新建一个 CSS 文件,文件名为 10-4.css,样式代码如下。

页面通用样式定义如下。

```
body,html,div,ul,li,a,img{ margin:0; padding:0; }
a{  /*设置超链接的样式*/
    text-decoration:none;  /*无修饰*/
    }
```

热销产品盒子样式的定义。

```
#hotproduct{
    width:1100px; height:auto;
    font-size:14px;        /*文字大小为14px*/
    }
```

热销产品展示用无序列表实现，定义无序列表的样式。

```
#hotproduct ul{                    /*设置热销产品列表的样式*/
    list-style:none;               /*不显示项目符号*/
    width:1100px;
    height:150px;
    padding:6px 0px 0px 4px;       /*上、右、下、左内边距依次为6px、0px、0px、4px*/
    border:2px solid #DDDDDD;      /*热销产品区的边框为2px的灰色实线*/
    }
```

要实现图片翻转的立体效果，在图片的父元素 li 中定义 perspective 属性，实现透视
效果。

```
#hotproduct ul li{                      /*设置热销产品列表项的样式*/
    width:170px;
    display:inline-block;               /*内联元素*/
    float:left;                         /*向左浮动*/
    margin-right:6px;                   /*右外边距为6px*/
    margin-bottom:1px;                  /*下外边距为1px*/
    position:relative;                  /*相对定位*/
    -webkit-perspective:250px;          /*透视效果：子元素与镜头之间的距离为250px*/
    }
```

偶数列(文本列)，定义样式。

```
#hotproduct ul li.evenlist {            /*设置热销产品列表项中偶数项的样式*/
    width:90px;  height:148px;
    border-right:1px solid #ddd;        /*右边框为1px的灰色实线*/
    }
```

最后一列不设置右边框，单独定义样式。

```
#hotproduct ul li.lastlist{             /*设置热销产品列表项中最后一项的样式*/
    width:90px;  height:148px;
    border-right: 0px;                  /*不设置右边框*/
    }
```

定义图片样式，实现图片翻转后，背面不可见。初始状态为图片 1 不翻转，正面可见；
图片 2 翻转-180°，背面不可见。当鼠标指向列表项 li 时，图片 1 翻转 180°，背面不可
见；图片 2 翻转 0°，正面可见。

```
#hotproduct ul li img{                  /*设置热销产品列表项中图像的样式*/
    width:162px;
    height:142px;
    position:absolute;                  /*绝对定位*/
    left:0;                             /*离左侧 0px*/
    top:0;                             /*离顶部 0px*/
```

```
   -webkit-backface-visibility:hidden;          /*元素背面不可见*/
   transition:all 0.5s ease-in 0s;              /*0.5秒完成动画*/
 }
#hotproduct ul li img.fan{                       /*设置图片的样式*/
   -webkit-transform:rotateX(-180deg);           /*图像沿 X 轴 3D 旋转-180° */
 }
#hotproduct ul li:hover img.fan{                 /*设置鼠标悬停在图片上时的样式*/
   -webkit-transform:rotateX(0deg);              /*图像沿 X 轴 3D 旋转 0° */
 }
#hotproduct ul li:hover img.zheng{
   -webkit-transform:rotateX(180deg);
 }
```

文本加粗显示，通过设置外边距调整布局。

```
#hotproduct strong{                      /*定义 strong 样式*/
   display:block;                        /*块级元素*/
   margin:10px 0 0 0;                    /*上、右、下、左内边距依次为 10px、0px、0px、0px*/
```

通过 CSS 样式将超链接的样式设计成按钮样式。

```
#hotproduct a{                           /*设置热销产品区中超链接的样式*/
   display:inline-block;
   width:75px;
   height:26px;
   background-color:#494949;
   font-size:13px;
   color:#FFF ;
   text-decoration:none;
   text-align:center;
   margin-top:15px;
   line-height:26px ;
 }
#hotproduct a:after{                                 /*在超链接后插入内容*/
   content:url(../img/triangle-icon-white.png);      /*插入图片*/
   padding-left:5px;                                 /*左内边距为 5px*/
 }
```

在浏览器中浏览制作完成的页面，页面显示效果如图 10-22 和图 10-23 所示。

10.5 拓 展 知 识

使用 CSS3 设计 3D 动画。

CSS3 动画拓展知识.docx

拓展知识.mp4

10.6　本章小结

本章首先介绍了 CSS3 中的过渡和变形，重点讲解了过渡属性及 2D 转换和 3D 转换。然后讲解了 CSS3 中的动画特效及其主要相关属性。最后通过热销产品局部页面的设计，练习 animation 过渡、变形等技术在网页设计中的实际应用。

10.7　练习题

课后练习题.mp4

一、选择题(请扫右侧二维码获取)

二、综合训练题

1. 通过 transition 相关属性实现按钮的边框阴影过渡效果。要求当鼠标指向按钮时，按钮背景色加深，边框出现阴影，过渡时间为 1 秒，如图 10-25 和图 10-26 所示。

网站首页

网站首页

图 10-25　按钮

图 10-26　为按钮加边框阴影

2. 设计实现如下效果，当鼠标指向图 10-27 所示的图片时，图片旋转 45°、放大 1.5 倍、边框变成圆形，如图 10-28 所示。

3. 通过 2D 及 3D 转换制作翻转导航条的效果，当鼠标指向导航超链接时，发生翻转，如图 10-29 和图 10-30 所示。

图 10-27　图片的初始状态

图 10-28　图片的最终状态

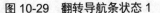

图 10-29　翻转导航条状态 1

图 10-30　翻转导航条状态 2

4. 使用 CSS3 的 animation 属性，设计轮播图动画，实现几张图片自右向左无缝轮播显示,效果如图 10-31 所示。

图 10-31　图片滚动显示效果图

第 **11** 章

多媒体技术

本章要点

随着信息技术的发展，网络强国成为我们国家发展的战略目标。在网络传输速度越来越快和信息化技术快速发展的今天，音频和视频技术已经被越来越广泛地应用到网页设计中。与静态的图片和文字相比，音频和视频可以为用户提供更直观、更丰富的信息。本章将对 HTML5 多媒体的特性及创建音频和视频的方法进行详解。

学习目标

- 熟悉 HTML5 多媒体特性。

- 了解 HTML5 支持的音频和视频格式。

- 掌握 HTML5 中视频的相关属性，能够在 HTML5 页面中添加视频文件。

- 掌握 HTML5 中音频的相关属性，能够在 HTML5 页面中添加音频文件。

- 培养网页设计中的版权意识和信息保护意识。

11.1 HTML5 多媒体特性

在 HTML5 出现之前,多媒体内容在大多数情况下都是通过第三方插件或集成到 Web 浏览器中的应用程序而置于页面内的。例如,通过 Adobe 的 Flash Player 插件将视频和音频嵌入到网页中。通过这样的方式实现的多媒体功能,不仅需要借助第三方插件,而且实现代码复杂且冗长。

HTML5 多媒体
特性.mp4

HTML5中新增了video标签和audio标签,可以实现多媒体内容的定义和倍速播放。在HTML5语法中,video标签用于为页面添加视频,audio标签用于为页面添加音频,不需要第三方插件的支持就能播放媒体文件。这样用户不必下载第三方插件,即可直接播放网页中的多媒体内容。

11.1.1 多媒体格式

运用 HTML5 的 video 和 audio 标签可以在页面中嵌入视频或音频文件,如果想要这些文件在页面中加载播放,还需要设置正确的多媒体格式。下面具体介绍 HTML5 中视频和音频的一些常见格式。

1. 视频格式

视频格式包含视频编码、音频编码和容器格式。在 HTML5 中嵌入的视频格式主要包括 Ogg、MPEG4、WebM 等,具体介绍如下。

- Ogg:带有 Theora 视频编码和 Vorbis 音频编码的 Ogg 文件,Ogg 是完全免费、开放和没有专利限制的。
- MPEG4:MPEG4 是一种网络视频图像压缩编码标准,支持 MPEG4 标准的文件格式有很多种,比如常见的 MP4 和 AVI,其中 MP4 是支持 MPEG4 的标准音频视频文件。
- WebM:WebM 是一种开放、免费的媒体文件格式,其中包括 VP8 影片轨和 Ogg Vorbis 音轨,并且是基于 HTML5 标准的。

2. 音频格式

音频格式是指在计算机内播放或处理的音频文件的格式。在 HTML5 中嵌入的音频格式主要包括 Ogg Vorbis、MP3、Wav 等,具体介绍如下。

- Ogg Vorbis:是类似于 AAC 的另一种免费、开源的音频编码,是用于替代 MP3 的下一代音频压缩技术。Ogg 是一种音频压缩格式,类似于 MP3 等音乐格式。
- MP3:是一种音频压缩技术,全称是动态影像专家压缩标准音频层面 3(Moving Picture Experts Group Audio Layer III, MP3)。它被设计用来大幅度地降低音频数据量。
- Wav:是录音时采用的标准 Windows 文件格式,文件的扩展名为.wav,数据本身的格式为 PCM 或压缩型,属于无损音乐格式的一种。

11.1.2　支持多媒体的浏览器

到目前为止，很多浏览器已经实现了对 HTML5 中 video 和 audio 元素的支持。各浏览器的支持情况如表 11-1 所示。

表 11-1　浏览器对 video 和 audio 元素的支持情况

浏　览　器	支　持　版　本
IE	9.0 及以上版本
Firefox	3.5 及以上版本
Opera	10.5 及以上版本
Chrome	3.0 及以上版本
Safari	3.2 及以上版本

表 11-1 列举了各种浏览器对 video 和 audio 元素的支持情况，在不同的浏览器上显示视频的效果略有不同。

在不同的浏览器中，相同的视频，播放控件的显示样式会不同。这是因为每一个浏览器对内置视频控件样式的定义不同，这也就导致在不同浏览器中会显示不同的控件样式。

11.2　嵌入视频和音频

11.2.1　在 HTML5 中嵌入视频

在 HTML5 中，video 标签用于在 HTML5 文档中嵌入视频内容，例如电影片段或其他视频流。它支持 3 种视频格式，分别为 Ogg、WebM 和 MPEG4，其基本语法格式如下。

在 HTML5 中嵌入视频.mp4

```
<video src="url"  controls="controls">文字</video>;
```

属性介绍如下。

● src：用于设置视频文件的路径，属性值 url 表示要播放的视频的 URL。

● controls：用于为视频提供播放控件。

【说明】这两个属性是 video 元素的基本属性，并且<video>和</video>之间还可以插入文字，用于在不支持 video 元素的浏览器中显示。下面通过一个案例来演示嵌入视频的方法。

【例 11-2-1】在页面上播放视频。本例在 Chrome 浏览器中的显示效果如图 11-1 所示。页面文件 11-2-1.html 的代码如下。

```
<html>
<head>
    <meta charset="utf-8">
    <title>在 HTML5 中嵌入视频</title>
</head>
<body>
```

```
        <video src="media/bird.mp4" controls="controls" >你的浏览器不支持 video
标签</video>
    </body>
    </html>
```

图 11-1　在 Chrome 浏览器中的显示效果

在 video 元素中还可以添加其他属性，以进一步优化视频的播放效果，具体如表 11-2 所示。

表 11-2　video 元素的常见属性

属　　性	值	描　　述
autoplay	autoplay	当页面载入完成后自动播放视频
loop	loop	视频结束重新开始播放
preload	preload	如果出现该属性，则视频在页面加载时进行加载，并预备播放。如果使用 autoplay，则忽略该属性
poster	poster	当视频缓冲不足时，该属性链接一幅图像，并将该图像按照一定的比例显示出来
muted	muted	视频的音频输出被静音
width	pixels	设置视频播放器的宽度
height	pixels	设置视频播放器的高度

【例 11-2-2】修改例 11-2-1，实现在页面上自动和循环播放视频。本例在 Chrome 浏览器中的显示效果如图 11-2 所示。在页面文件 11-2-2.html 中要修改的代码如下。

```
    <body>
        <video src="media/bird.mp4" controls="controls" autoplay="autoplay"
loop="loop">你的浏览器不支持 video 标签</video>
    </body>
```

【说明】当鼠标指向图 11-3 中的视频画面时，界面底部会出现如图 11-2 所示的视频控件，用于控制视频播放的状态。

图 11-2 在 Chrome 浏览器中自动循环播放的显示效果

11.2.2 在 HTML5 中嵌入音频

在 HTML5 中，audio 标签用于在 HTML5 文档中嵌入音频文件，支持
3 种音频格式，分别为 Ogg、MP3 和 Wav，基本语法格式如下。

在 HTML5 中
嵌入音频.mp4

```
<audio src= "url" controls= "controls"></audio>
```

各属性的功能可参考 video 标签的属性及说明。

下面通过一个案例来演示嵌入音频的方法。

【例 11-2-3】在页面上播放音频。本例在 Chrome 浏览器中的显示效果如图 11-3 所示。
页面文件 11-2-3.html 的关键代码如下。

```
<head>
    <meta charset="utf-8">
    <title>在 HTML5 中嵌入音频</title>
</head>
<body>
    <audio src="media/Grace.mp3" controls="controls">你的浏览器不支持 audio
标签</audio>
</body>
```

图 11-3 显示的是 Chrome 浏览器中的音频控件，用于控制音频文件的播放状态，单击
"播放"按钮时，即可播放音频文件，可以用进度条控制播放进度、调节音量等。

图 11-3 音频播放效果

另外，在 audio 元素中还可以添加其他属性，以进一步优化音频的播放效果，具体如表 11-3 所示。

表 11-3　audio 元素的常见属性

属　　性	值	描　　述
autoplay	autoplay	当页面载入完成后自动播放音频
loop	loop	音频结束时重新开始播放
preload	preload	如果出现该属性，则音频在页面加载时进行加载，并预备播放。如果使用 autoplay，则忽略该属性

表 11-3 中列举的 audio 元素的属性和 video 元素的属性是相同的，这些相同的属性在嵌入音视频时是通用的。

11.2.3　音视频中的 source 元素

1. 不同浏览器对音视频文件的支持

音视频中的 source
元素.mp4

虽然 HTML5 支持 Ogg、MPEG4 和 WebM 视频格式，以及 Ogg Vorbis、MP3 和 Wav 音频格式，但各浏览器对这些格式却不完全支持，具体如表 11-4 所示。

表 11-4　不同浏览器对音视频文件的支持

类　型	格　　式	IE9	Firefox 4.0	Opera 10.6	Chrome 6.0	Safari 3.0
视频	Ogg		支持	支持	支持	
	MPEG4	支持			支持	支持
	WebM		支持	支持	支持	
音频	Ogg Vorbis		支持	支持	支持	
	MP3	支持			支持	支持
	Wav		支持	支持	支持	

2. 多源视频文件的使用

为了使音频、视频能够在各个浏览器中正常播放，往往需要提供多种格式的音频、视频文件。在 HTML5 中，video 元素允许多个 source 元素，每个 source 元素可以链接不同格式的视频文件，浏览器将使用第一个可识别的格式。运用 video 元素添加多个视频的基本格式如下。

```
<video controls="controls">
    <source src="url"  type="video/type name">
    <source src="url"  type="video/type name">
    ......
</video>
```

在上面的语法格式中，可以指定多个 source 元素为浏览器提供备用的视频文件。source 元素一般设置两个属性。

● src：用于指定媒体文件的 URL 地址。

● type：指定媒体文件的类型，type name 取值为 Ogg、MPEG4 和 WebM 等。

【例 11-2-4】为页面添加多个浏览器都支持的视频文件。本例文件 11-2-4.html 的代码如下。

```
<html>
<head>
    <title>多源视频文件</title>
</head>
<body>
    <video controls="controls">
    <source src="media/bird.mp4"  type="video/mp4">
    <source src="media/bird.ogg"  type="video/ogg">
    <source src="media/bird.webm"  type="video/webm">
  </video>
</body>
</html>
```

【说明】用户在浏览例 11-2-4 所示的网页时，浏览器会播放自己支持的文件，IE 和 Safari 会播放 MP4 格式的文件，Firefox、Opera 和 Chrome 会播放 Ogg 或 WebM 格式的文件。采用这种方式，可以保证用户无论使用哪种浏览器，都能播放视频。

3. 多源音频文件的使用

在 HTML5 中，运用 source 元素可以为 audio 元素提供多个备用文件。运用 source 元素添加多个音频的基本语法格式如下。

```
<audio controls="controls">
    <source src="url"  type="audio/type name">
    <source src="url"  type="audio/type name">
    ......
</audio>
```

属性介绍如下。

● src：用于指定媒体文件的 URL 地址。

● type：指定媒体文件的类型，type name 取值为 Ogg、MP3 和 Wav 等。

【例 11-2-5】为页面添加多个在 Firefox 4.0 和 Chrome 6.0 中都可以正常播放音频文件。本例文件 11-2-5.html 的关键代码如下。

```
<body>
    <audio controls="controls">
    <source src="media/爱拼才会赢.mp3" type="audio/mp3">
    <source src="media/爱拼才会赢.wav" type="audio/wav">
    </audio>
</body>
```

在上面的示例代码中，由于 Firefox 4.0 不支持 MP3 格式的音频文件，因此在网页中嵌入音频文件时，还需要通过 source 元素指定一个 wav 格式的音频文件，使其能够在 Firefox 4.0 中正常播放。

11.3　用 CSS 控制视频的宽高

在 HTML5 中，经常会通过为 video 元素添加宽高的方式给视频预留一定的空间，这样浏览器在加载页面时就会预先确定视频的尺寸，为其保留合适的空间，使页面的布局不产生变化。接下来将对视频的宽高属性进行讲解。

用 CSS 控制视频的宽高.mp4

在 HTML5 页面上，用 width 和 height 属性设置视频的宽度和高度。

【例 11-3-1】网站首页主体左侧局部页面设计。设置 video 元素的 width 和 height 属性，实现视频和联系方式的合理布局。显示效果如图 11-4 所示，页面文件 11-3-1.html 的代码如下。

```html
<body>
    <div class="main_left">
      <h3> 产品展示</h3>
      <video src="dedia/led.mp4" autoplay="autoplay" loop="loop"></video>
      <div class="lianxi"> 联系方式</div>
    </div>
</body>
```

控制页面显示风格的 CSS 代码如下。

```css
<style>
  .main_left{  /*定义主体部分的左侧块的样式*/
    width:280px;                        /*左侧宽度共 280+20=300px*/
    height:480px;
    float: left;
    background-color: #44AAFF;
    padding:0px 20px;                   /*内边距上、下为 0px,左、右为 20px*/
    position: relative;
}
  h3{
    font-size:16px;
    color: #545861;
    font-weight:500;                    /*文字粗细为 500*/
    margin-bottom:12px ;                /*下外边距为 12px*/
  }
  .main_left video{
    width:280px;
    height: 250px;
    background-color:#DDDDDD;
  }
  .main_left .lianxi{
    width:250px;                        /*内容宽度为 250px*/
    height:125px;
    border:1px solid #DDDDDD;
    border-radius:5px;
    margin-top:15px;
    padding:0 15px;                     /*设置内边距，上下 0，左右各 15px*/
```

```
    }
</style>
```

【说明】在图 11-4 中，联系方式的盒子宽度为 248+15*2+1*2=280px，和 video 元素的宽度相同。在图 11-5 中，未定义视频的宽度和高度，视频按原始大小显示。

图 11-4　设置 video 元素的宽高　　　　图 11-5　不设置 video 元素的宽高

注意:
通过 width 和 height 属性来缩放视频，这样的视频在页面上看起来虽然很小，但原始大小依然没变，因此要运用相关软件对视频进行压缩。

11.4　实 践 训 练

实践训练.mp4

【实训任务】设计音乐视频播放页面。本例文件 11-4.html 在浏览器中的显示效果如图 11-6 所示。

图 11-6　音乐播放页面

【知识要点】video 标签及其属性的用法、audio 标签及其属性的用法，用 width 和 height 属性定义 video 元素的宽高。

【实训目标】掌握在 HTML5 中嵌入视频文件和音频文件的方法，以及用 CSS 控制视频宽高的技术。

11.4.1　任务分析

1. 页面结构分析

将音乐视频播放界面设计为打开即开始播放，页面的设计采用 DIV+CSS 进行布局。歌词在页面右侧出现，自下而上滚动显示，效果如图 11-7 所示。

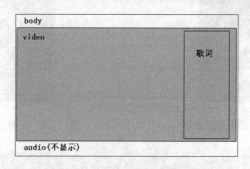

图 11-7　音乐视频播放页面结构图

2. 样式分析

(1) 将"video"设计为宽度和高度均为 100%，不显示播放控制按钮。

(2) 将"audio"设计为不显示播放控制按钮，自动开始播放。

(3) "歌词"相对浏览器定位，距顶部 10px，距右侧 80px。另外，为歌词添加透明背景。

11.4.2　任务实现

根据上面的分析，创建网页文件和样式文件，完成音乐视频播放页面的制作，制作步骤如下。

(1) 启动 HBuilderX，在当前项目中新建一个 HTML5 文档，文件名为 11-4.html。

(2) 在 HBuilderX 编辑区编辑文件，关键代码如下，部分歌词省略。

```
<html>
  <head>
    <meta charset="utf-8">
    <title>音乐视频播放</title>
    <style>
      video{
        width:100%;
        height:100%;
      }
      p{
        height:100%;
        font-size:12px;
```

```
        color:#fff;
        position:absolute;
        top:0px;
        right:80px;
        padding-left:15px;
        background-color:rgba(255,255,255,0.2);
      }
    </style>
  </head>
  <body>
    <video src="media/hetangyuese.mp4" autoplay="autoplay">你的浏览器不支持
video标签</video>
    <audio src="media/hetangyuese.mp3" autoplay="autoplay"></audio>
    <p><marquee direction="up" loop="1" scrolldelay="1000" height="90%">
      <h3>荷塘月色 - 凤凰传奇</h3>
      剪一段时光缓缓流淌 <br/>
      流进了月色中微微荡漾 <br/>
      ......
      游过了四季荷花依然香  <br/>
      等你宛在水中央   <br/>
      等你宛在水中央   <br/>
      </marquee>
    </p>
  </body>
</html>
```

(3) 浏览网页。在 Chrome 浏览器中浏览网页，效果如图 11-6 所示。

【说明】<marquee direction="up" loop="1" scrolldelay="1000">...</marquee>代码段实现标签内的内容滚动显示效果。其中 direction="up"指定滚动方向向上，loop="1"指定滚动显示一次，scrolldelay="1000"指定滚动显示的延时，将参数的值设为 1000，单位为毫秒(数值越大，时间间隔也越大)。

11.5　拓　展　知　识

视频和音频的方法和事件。

多媒体技术拓展知识.docx

拓展知识.mp4

11.6　本　章　小　结

本章首先介绍了 HTML5 多媒体特性、多媒体的格式以及浏览器的支持情况。然后讲解了在 HTML5 页面中嵌入多媒体文件的方法，在拓展知识中简单介绍了 HTML5 音频和视频元素的方法、事件。最后运用所学知识制作了一个音乐视频播放页面。

通过本章的学习，读者应该了解 HTML5 多媒体文件的特性，熟悉常用的多媒体格式，掌握在页面中嵌入音视频文件的方法，并将其综合运用到页面的制作中。

11.7　练　习　题

一、选择题(请扫右侧二维码获取)

二、综合训练题

选择题.docx

1. 设计如图 11-8 所示的页面。在光盘背景上显示音频控件，单击"播放"按钮开始播放音乐。

图 11-8　练习题 1 效果图

2. 设计如图 11-9 所示的页面。

图 11-9　练习题 2 效果图

第 12 章

Web 前端开发实战

本章要点

网络安全和信息化是事关国家安全和国家发展、事关广大人民群众工作生活的重大战略问题。网站建设中，要注意网络安全和信息保密。网页设计时中要考虑网页内容的显示、整体颜色搭配、页面的排版布局等。本章主要应用前面章节讲解的网页设计技术，引导读者设计制作爱德照明网站的前台页面，从而进一步巩固网页设计与制作的知识和技术。

学习目标

- 了解网站的开发流程。

- 掌握网站开发中需求分析的方法。

- 了解站点规划的内容和要求。

- 掌握用 HBuilderX 建立站点、设计网页的技术，能够建立规范的站点。

- 培养网页布局的整体意识、美学常识、版权意识及精益求精的网页设计技术。

- 培养项目开发中团结互助协作的能力和精益求精的新一代信息技术人才。

12.1 网站的开发流程

网站的开发流程.mp4

为了提高网站建设的效率,需要通过科学合理的开发流程来进行网站的策划、设计、制作和发布。典型的网站开发流程包括以下几个阶段。

(1) 需求分析。

根据用户的需求、企业资本及行业网站的动态,确定建站的目的及目标定位。

(2) 站点规划。

确定好项目后,开始着手进行网站的规划,包括结构规划、内容规划、界面规划以及网站功能设置等。

(3) 网站制作。

站点规划完毕后即可开始网站制作,包括设置网站的开发环境、准备网站内容、进行页面布局设计和制作等。

(4) 测试发布。

根据前期规划对项目进行测试和检验,包括测试页面的链接和网站的兼容性,然后将站点发布到网站上。

12.1.1 需求分析

1. 建站目的

在互联网时代,网站作为企业的第二种战略方向,能帮助企业提供更广的服务渠道,接触更多的用户。建立网站的目的要么是增加利润,要么是传播信息或观点。爱德照明网站创建的目的是让更多的用户了解自己的产品,提高公司的知名度,帮助企业拓展服务渠道,开辟产品市场。

2. 目标定位

对设计者来说,网站一定要有特定的用户和任务。不同的用户对站点的要求不同,所以确定目标用户是一个至关重要的步骤。爱德照明网站主要面向城乡建设、单位环境美化和家庭装修等方面的用户,把产品优势呈现给浏览者,引起他们的注意是最终目的。针对这一特点,爱德照明网站应多展示产品和案例,方便客户查找信息。

12.1.2 站点规划

对开发的网站从结构、内容、界面和功能设置等方面进行规划设计。

1. 网站结构规划

(1) 画出网站结构图。

在设计网站之前,需要先画出网站结构图,其中包括网站栏目、结构层次和导航设置等。首页中的各功能按钮、内容要点、友情链接等都要体现出来,内容要周全并突出重点。布局设计时,在首页上把大段的文字换成标题性的、吸引人的文字,单项内容在分支页面上呈现。

(2) 文件夹设计。

为了有效地规划和组织站点,需要规划站点的基本结构和文件的位置,可以通过创建文件夹来合理地构建文档结构。首先为站点(项目)创建一个根文件夹,在其中创建多个子文件夹,然后将文档分门别类存储到相应的文件夹下。设计合理的站点结构,能够提高工作效率,方便对站点的管理。

文档中不仅有文字,还有其他各种类型的资源,如图像、声音和视频等,这些资源不能直接存储在 HTML 文档中,所以也要创建文件夹来分类存放。

(3) 文件命名要求。

当网站的规模变得很大时,使用合理的文件名就显得十分必要,文件名要求见名知意,容易理解且便于记忆,让人看见文件名就能知道网页表述的内容。但注意在网页设计中要避免使用中文,因为很多 Web 服务器使用的是英文操作系统,不能对中文文件名提供很好的支持。所以在构建站点时,要使用英文字母和数字来命名文件夹和文件名。

2. 网站内容规划

网站内容分为重点内容、主要内容和辅助性内容,这些内容在网站中具有各自的体现形式。内容划分好以后,还需要把内容包装成栏目。爱德照明网站的主栏目有产品中心、工程案例、新闻动态、招商加盟、关于我们和联系方式等,在每个主栏目下还设有多个下级子栏目。

3. 网站界面规划

结合网站的主题进行界面规划,如网站色彩包括主色、辅色和突出色,版式设计包括全局、导航、核心区、内容区、广告区、版权区及版块设计等。

4. 网站功能设置

爱德照明网站前台页面的主要功能包括:产品展示、工程案例展示、企业新闻、产品资讯、招商加盟信息和联系方式等。另外,还有管理员登录页面、用户注册页面等。

爱德照明网站后台页面的主要功能是实现网站内容的管理,包括栏目管理、产品管理、工程案例管理、各种新闻资讯管理、用户管理和系统设置等。

由于篇幅所限,本书只介绍爱德照明网站前台的首页、新闻动态—公司新闻、联系方式等页面的设计。

12.1.3　网站制作

完整的网站制作包括以下两个过程。

1. 前台页面制作

前台页面制作包括内容收集整理、图片的处理、背景设置、页面布局排版及样式设计等。

2. 后台程序开发

后台程序开发包括数据库设计、网站和数据库的连接、动态网页编程等。

本书主要讲解前台页面的制作，关于后台程序开发的相关知识读者可以在动态网站设计的课程中学习。

12.1.4 测试发布

在把站点发布到服务器之前，需要对网页内容和网站整体性能进行有效测试。

1. 测试站点

网站测试与传统的软件测试不同，不但需要检查是否按照设计的要求运行，而且还要测试系统在不同用户端的显示是否合适，需要从最终用户的角度进行安全性和可用性测试。测试内容包括页面是否美观、链接是否正确和浏览器兼容性是否良好等。

2. 发布站点

当完成网站的设计、调试、测试和网页制作等工作后，需要把设计好的站点上传到服务器，从而完成整个网站的发布。

12.2 用 HBuliderX 创建 Web 项目

用 HBuliderX 创建
Web 项目.mp4

熟悉了网站的开发流程，即可开始制作网页。

启动 HBuilderX，创建 Web 项目。依次选择"文件"→"新建"→"项目"命令，弹出"新建普通项目"对话框，在"项目名称"位置输入项目的名称 LedWeb，并在模板中选择"基本 HTML 项目"，单击"浏览"按钮，选择文件的存放路径，如图 12-1 所示。最后单击"创建"按钮，在 HBuilderX 项目管理器中显示创建的项目，如图 12-2 所示。

图 12-1　"新建普通项目"对话框　　　　　图 12-2　项目管理器

从图 12-2 可以看出，在创建的项目中有默认创建的文件夹，这方便了站点资源的管理。网站的 CSS 样式表文件要创建在 css 文件夹中。JavaScript 脚本文件要创建在 js 文件夹中，各种图片资料要放置到 img 文件夹中。另外，在 LedWeb 项目的根文件夹下，要创建 media 文件夹，用来放置网站需要的音频和视频等媒体文件。index.html 是自动生成的文件，一般是网站默认的首页文件。

12.3　案例：设计爱德照明网站首页

设计爱德照明
网站首页.mp4

【案例展示】制作爱德照明网站首页。本例文件 index.html 在浏览器中的显示效果如图 12-3 所示，页面结构如图 12-4 所示。

图 12-3　爱德照明网站首页的显示效果

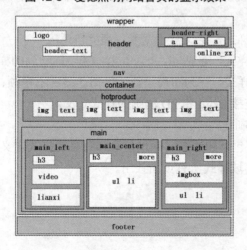

图 12-4　爱德照明网站首页的布局结构

【知识要点】页面布局、文本、图像、列表、超链接、导航、CSS3 动画和多媒体。

【学习目标】掌握综合应用页面元素、布局技术和 CSS 样式等设计网页的技术。

爱德照明网站首页的制作过程如下。

1. 页面整体布局设计

网站首页上包括 Logo、各种导航链接、热销产品列表、产品展示视频、企业新闻列表、客户案例列表、联系方式、页脚的链接和地址信息等，主体部分是三列布局，页面布局规划如图 12-4 所示。

2. 网页结构文件

首页 index.html 的页面关键代码，请扫右侧二维码获取。

网站首页页面
Html 代码.docx

3. 外部样式表文件

在 css 文件夹中新建样式表文件 style1.css，样式设计步骤如下，完整的样式表文件代码请扫右侧二维码获取。

(1) 页面整体布局样式。

定义页面的 body、超链接 a 和各级标题的 CSS 样式。

【说明】页面整体布局样式所有页面共用。

(2) 页面顶部的样式。

页面顶部 header 中包括 logo、官方微信、管理员登录、用户注册、网站名称等样式，以及背景定义。

【说明】页面顶部样式所有页面共用。

(3) 主导航样式的定义。

页面导航 nav 中，用无序列表定义导航项目。需要定义 ul、li、超链接 a 及背景样式。

【说明】主导航样式所有页面共用。

(4) 页面中部样式的定义。

页面中部内容在 id="container"的 div 盒子中，包括热销产品列表、三列布局内容的样式定义。

① 页面中部盒子的样式，定义盒子宽度，高度自适应。

② 热销产品列表的样式，包括 ul、li、img、a 和 3D 动画的样式。

③ 中部—主体部分样式，三列布局设计，包括产品展示视频、企业新闻列表、客户案例列表、联系方式、超链接 more 和 2D 动画的样式定义。

(5) 页面底部区域的制作。

页面底部 footer 中，包括超链接、地址信息和背景的样式定义。

【说明】页面底部区域样式所有页面共用。

(6) 在线咨询样式。

12.4　案例：设计公司新闻页面

设计公司新闻
页面.mp4

【案例展示】制作公司新闻页面。本例文件 news.html 在浏览器中的显示效果如图 12-5 所示，页面结构如图 12-6 所示。

图 12-5　公司新闻页面效果图

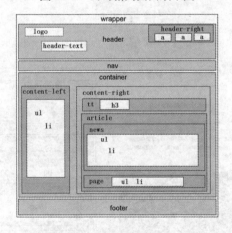

图 12-6　公司新闻页面布局结构

【知识要点】纵向导航菜单、新闻列表和翻页导航按钮的设计。

【学习目标】掌握利用图像、列表和链接导航等设计网页的技术。

公司新闻页面的制作过程如下。

1. 页面整体布局设计

网站首页上除了包括 Logo、各种导航链接、页脚的链接和地址信息外，页面中间部分是纵向导航菜单和新闻列表内容，页面布局规划如图 12-6 所示。

2. 网页结构文件

修改网站首页文件 index.html 的代码，文件另存为 news.html，修改 id="container"的 div 盒子中的内容，修改后的代码请扫右侧二维码获取。

公司新闻页面
Html 代码.docx

3. 外部样式表文件

修改 style1.css 样式文件。

(1) 页面整体布局样式、页面顶部样式、主导航样式和页面底部区域样式，所有页面共用。

(2) 公司新闻页面中部样式定义，定义 CSS 步骤和关键代码请扫右侧二维码获取。

① 页面左侧纵向导航菜单的样式。

② 二级页面右侧样式，所有二级和三级页面共用的部分样式。

③ 新闻列表列表页的样式。

④ 分页导航样式的定义。

公司新闻 CSS
样式代码.docx

12.5　案例：设计企业优势页面

【案例展示】制作企业优势页面。本例文件 advantage.html 在浏览器中的显示效果如图 12-7 所示，页面结构如图 12-8 所示。

设计企业优势
页面.mp4

图 12-7　企业优势页面效果图

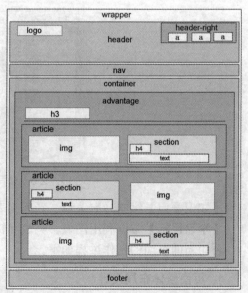

图 12-8　企业优势页面结构图

【知识要点】HTML5 布局标签使用、图文混排技术、网页整体布局设计。

【学习目标】掌握利用 HTML5 布局标签、图像、列表等，定义 CSS 样式设计网页的技术。

企业优势页面的制作过程如下。

1. 页面整体布局设计

网站首页上除了包括 Logo、各种导航链接、页脚的链接和地址信息外，页面中间部分是企业优势介绍，每一项企业优势的介绍在一个 article 中，企业优势的信息包括图片和文本，文本用 section 定义，页面结构如图 12-8 所示。

2. 网页结构文件

修改公司新闻页面 news.html 的代码，文件另存为 advantage.html，修改 id="container"的 div 盒子中的内容，修改后的页面结构关键代码请扫右侧二维码获取。

企业优势页面
Html 代码.docx

3. 外部样式表文件

修改 style1.css 样式的表文件。

(1) 页面整体布局样式、页面顶部样式、主导航样式和页面底部区域样式，所有页面共用。

(2) 定义企业优势页面中部样式的 CSS 代码请扫右侧二维码获取。

【案例说明】本例中联系方式的显示效果虽然是列表的样式，但实际上是通过文本的样式设置实现的。

企业优势 CSS
样式代码.docx

12.6　拓　展　知　识

页面嵌套技术。

Web 前端开发实战
拓展知识.docx

12.7　本　章　小　结

本章首先介绍了科学合理的网站开发流程，然后介绍了用 HBuliderX 创建 Web 项目的流程，并介绍了网站首页、企业新闻和企业优势页面的设计方法。

通过本章的学习，读者应该能够掌握网站的开发流程及利用 CSS 布局设计网页的方法。

12.8　练　习　题

一、选择题(请扫右侧二维码获取)

选择题.docx

二、综合训练题

1. 应用 CSS 布局技术，设计爱德照明网站的"工程案例—客户案例"页面，页面显示效果如图 12-9 所示。

图 12-9　工程案例—客户案例页面

2. 应用 CSS 布局技术，设计爱德照明网站的"客户案例—案例展示"页面，页面显示效果如图 12-10 所示。

图 12-10　客户案例—案例展示页面

3. 应用 CSS 布局技术，设计爱德照明网站的"产品中心—LED 射灯"页面，页面显示效果如图 12-11 所示。

图 12-11　产品中心—LED 射灯页面

参 考 文 献

[1] 倪震，李洋，傅伟. 网页设计与制作 HTML+CSS+JavaScript 标准教程[M]. 北京：人民邮电出版社，2023.

[2] 刘荣英. Bootstrap 前端开发(全案例微课版)[M]. 北京：清华大学出版社，2021.

[3] 黄煜欣. 网页设计与制作[M]. 北京：电子工业出版社，2022.

[4] 黑马程序员. 网页设计与制作(HTML+CSS)[M]. 2 版. 北京：中国铁道出版社，2021.

[5] 周伟，李娟，徐海燕. Dreamweaver 网页设计与制作完全实训手册[M]. 北京：清华大学出版社，2022.

[6] 曹茂鹏. 网页美工设计基础教程[M]. 北京：化学工业出版社，2022.

[7 孙鑫. Vue.js 3.0 从入门到实战(微课视频版)[M]. 北京：中国水利水电出版社，2021.

[8] 杨阳. HTML 5+CSS 3+JavaScript 网页设计与制作全程揭秘[M]. 北京：清华大学出版社，2019.

[9] 于瑞玲. Adobe Dreamweaver CC 网页设计与制作案例教程[M]. 北京：清华大学出版社，2020.

[10] http://www.w3school.com.cn/.

[11] https://www.runoob.com/.

[12] http://www.divcss5.com/.